U0167139

本书由广州市城市规划勘测设计研究院科技基金资助出版

广州市城市规划勘测设计研究院建筑设计作品丛书

喃语集

NANYU WORKS

范跃虹　著

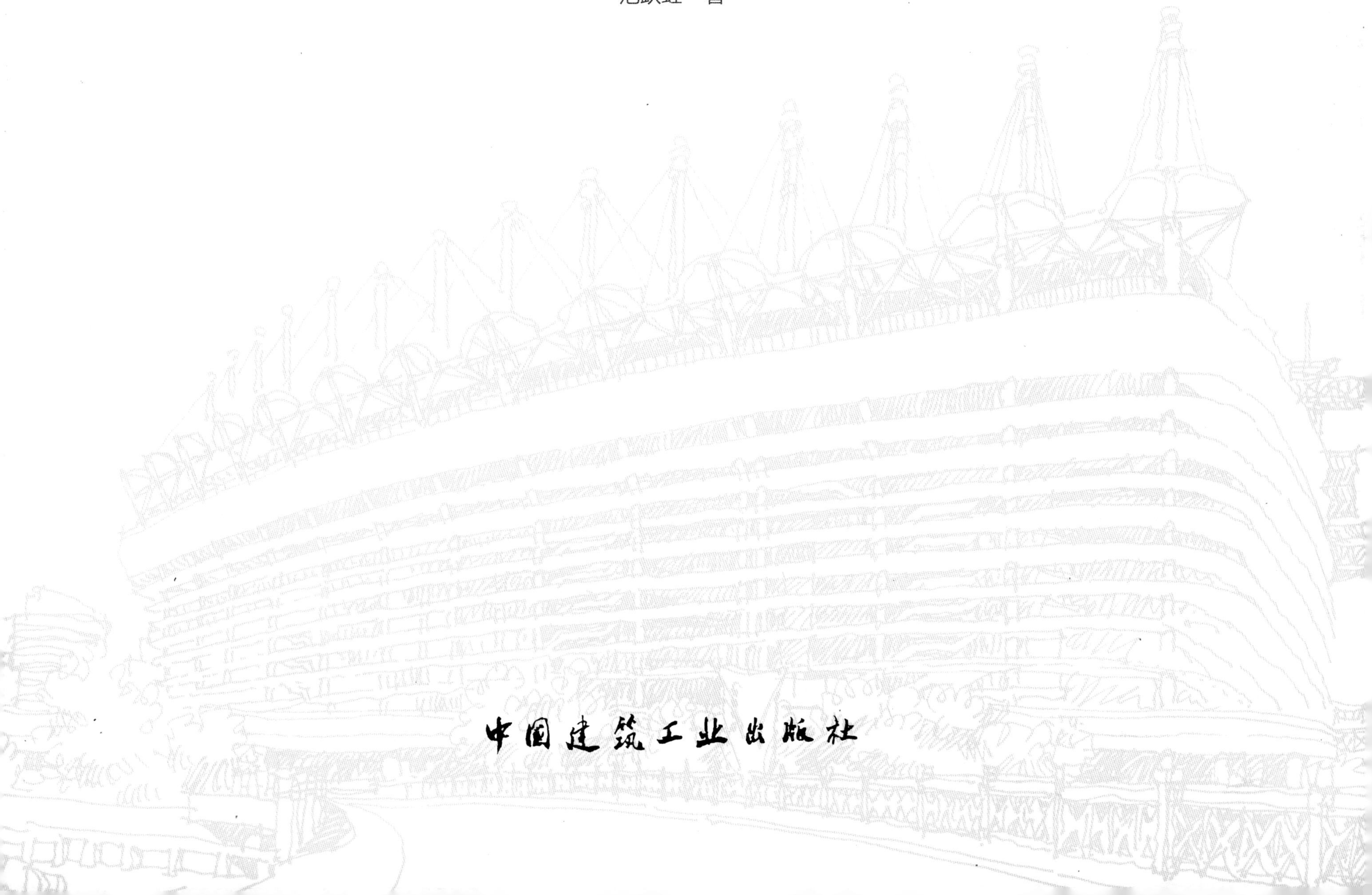

中国建筑工业出版社

范跃虹，广东广州人，师从莫伯治、佘畯南、陈开庆三位建筑大师，1990 年华南理工大学建筑设计及其理论专业硕士研究生毕业。1990 年就职于广州市城市规划勘测设计研究院，历任助理工程师、建筑设计室副主任、主任、建筑设计分院院长、总院院长助理、总建筑师、副院长，现任党委副书记兼纪委书记、资深总建筑师。广东省工程勘察设计行业协会副会长，岭南建筑分会会长。

FAN Yuehong, born in Guangdong province, learning from three masters of architecture MO Bozhi, SHE Junnan and CHEN Kaiqing, graduated from South China University of Technology in 1990, majoring in architectural design and theory. In 1990, he began to work in Guangzhou Urban Planning Survey and Design Institute, successively serving as assistant engineer, deputy director and director of the architectural design office, President of the architectural design branch, assistant to the President of the general institute, chief architect and vice President of general institute. Now he is deputy Secretary of the Party Committee and Secretary of the Discipline Inspection Committee, and senior chief architect. He is also the vice President of Guangdong Engineering Survey and Design Industry Association and the President of Lingnan Architecture branch.

序
FOREWORD

老树新芽

前几天，收到广州市城市规划勘测设计研究院的邀请，希望我能为本书写序言，我欣然应约。这里面，不仅包含了我与市规划院交往多年的情谊，更包含了我对岭南建筑及一众建筑师的崇敬之情。

岭南地区可谓是国内首片现代建筑的试验田。自20世纪50年代以来，岭南建筑师就敢为天下先，在建筑创作中抵制“学苏”时期一度风靡的折中主义和形式主义，在满足功能的前提下进行建筑风格的摸索，涌现出一批实用而美观的经典建筑，如将遮阳构造融入立面设计的广州旧交易会、依山而建的园林旅馆白云山庄旅社，也有中国第一座五星级酒店白天鹅宾馆等。这些建筑都是学生时代的我耳熟能详的案例，对我的影响尤为深远。

然而，自改革开放以来，随着市场经济的影响、房地产的发展，在相当长的一段时间内，我们的建筑、城市实际上更多走向一种消费主义文化。在这段时期，为响应国家提出的“四个现代化”号召，不少建筑师都把目光放在欧洲现代建筑的研究上，设计出来的作品大抵呈现出一种拜高、拜大、拜金的面貌，以彰显所谓的“现代感”。而对于本土文化的探索，建筑师们提不起兴趣，有的甚至加以摒弃。本人认为，从技术层面来说，这时期的建筑是有进步的，然而，从文化层面上来说，这时期的建筑是走了下坡路。

岭南地区的建筑创作也曾一度深陷这种困局。所幸的是，这些年，国家提倡重新回归自己的文化，对重新认识我们自己的文化、自己的传统提出了新的方向。这本书详细介绍了市规划院建筑专业的34个建筑设计代表项目，我们从中可以窥得市规划院建筑师们和一个城市建筑的成长历程。谨以该序，向市规划院建筑师们问候，也向岭南地区的建筑同仁们致敬。祝福岭南建筑这棵老树欣欣向荣，万古长青！

广州市城市规划协会会长　潘安

2019 年 12 月

目录
CONTENTS

商业办公建筑

住宅建筑

CULTURAL
ARCHITECTURE

文化
建筑

海心沙（2010 年亚运会开闭幕式场馆）

广州芭蕾舞团小剧场

广州市城市规划展览中心陈列布展工程

广州市第三少年宫

台山市华侨文化博物馆和档案馆

广州辛亥革命纪念馆（方案）

广东国际划船中心

海心沙（2010 年亚运会开闭幕式场馆）

海心沙实景

海心沙构思手稿

海心沙整体鸟瞰

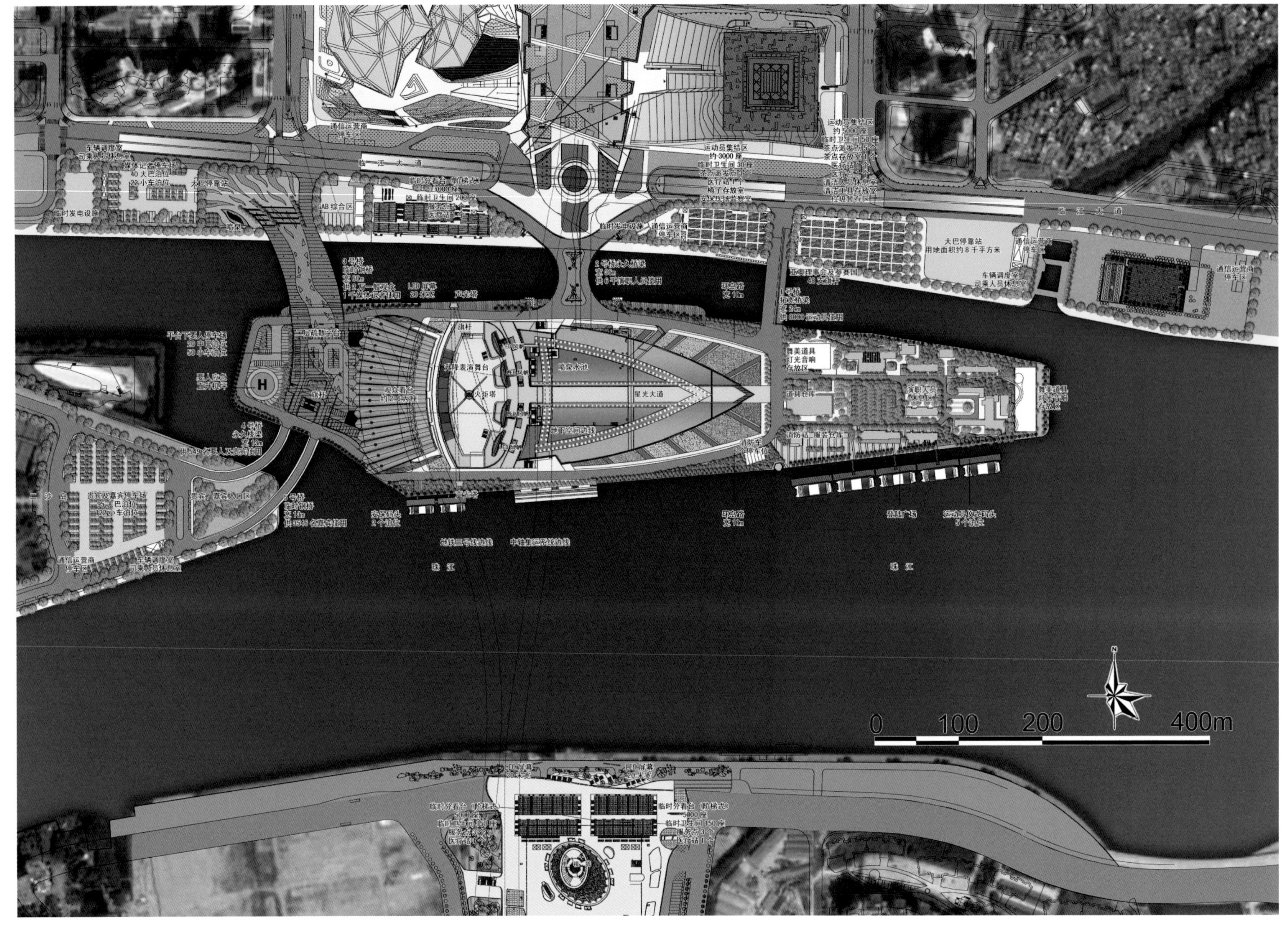

总平面

构思手稿

海心沙亚运会主会场作为2010年广州亚运会开闭幕式场地，地处广州市CBD珠江新城，广州市新城市中轴线与珠江的交汇点——海心沙岛。总用地面积约40公顷，总建筑面积约16.5万平方米。亚运会开幕主会场选址于海心沙岛，结合亚运会以“珠江为舞台，城市为背景”的创意，营造了一场两岸同乐、一江欢歌的水上亚运盛典。

主会场主体建筑主要包括：集散广场平台、主会场看台、表演舞台和地下空间。建筑面积共117957平方米。主会场看台为扇形平面的体育观演建筑，上覆悬挑拉索雨棚，主看台南北长185米，东西长85米，主体总高为53米，最高73米，建筑面积共62942平方米，分3层观众坐席，共26916席。该工程为一类高层建筑，耐火等级一级，地下防水等级一级，抗震设防烈度7度。

开幕式赛后项目工程改建为亚运公园，对主体建筑和亚运火炬塔进行了保留，作为亚运遗产的标志。

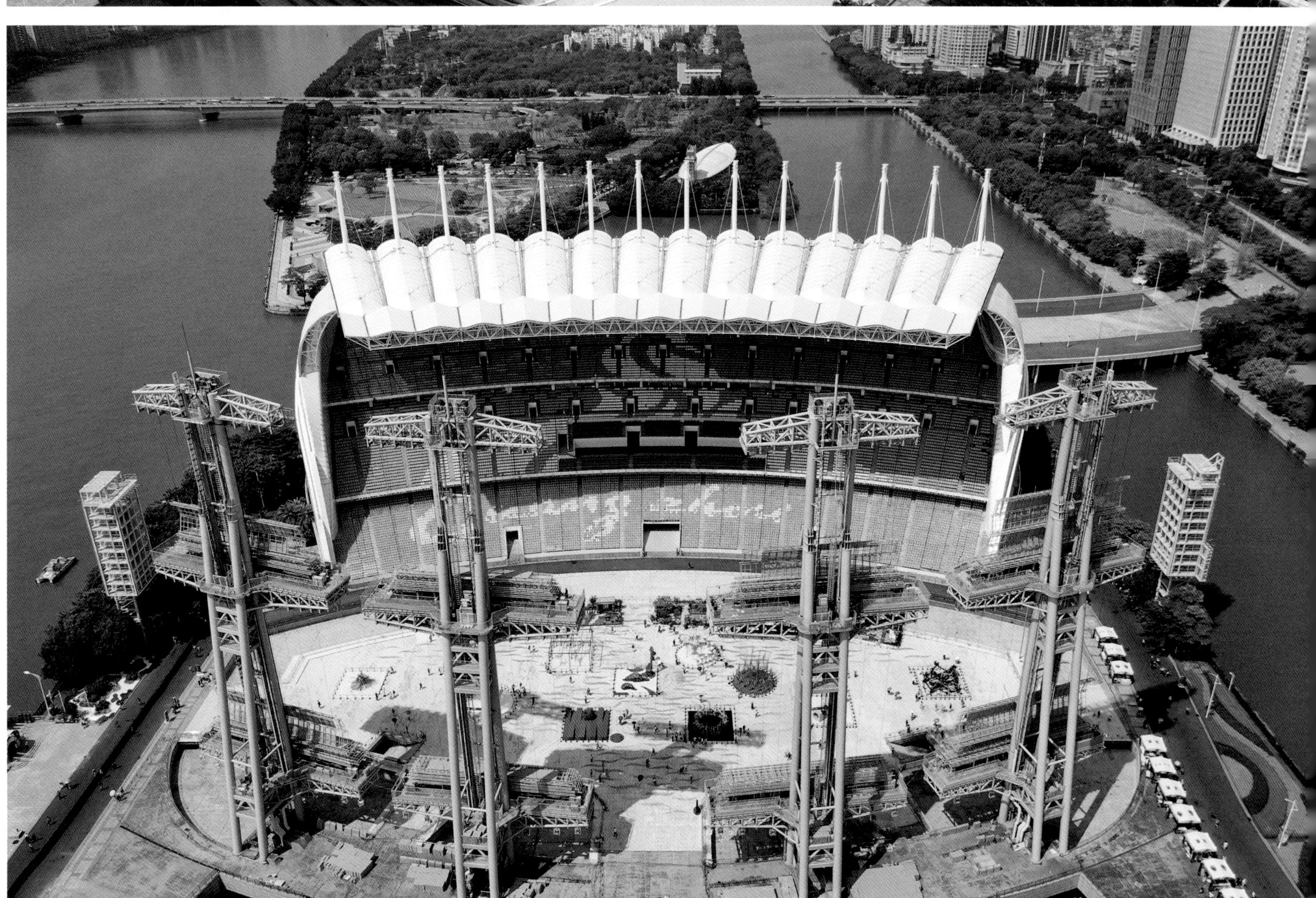

海心沙实景

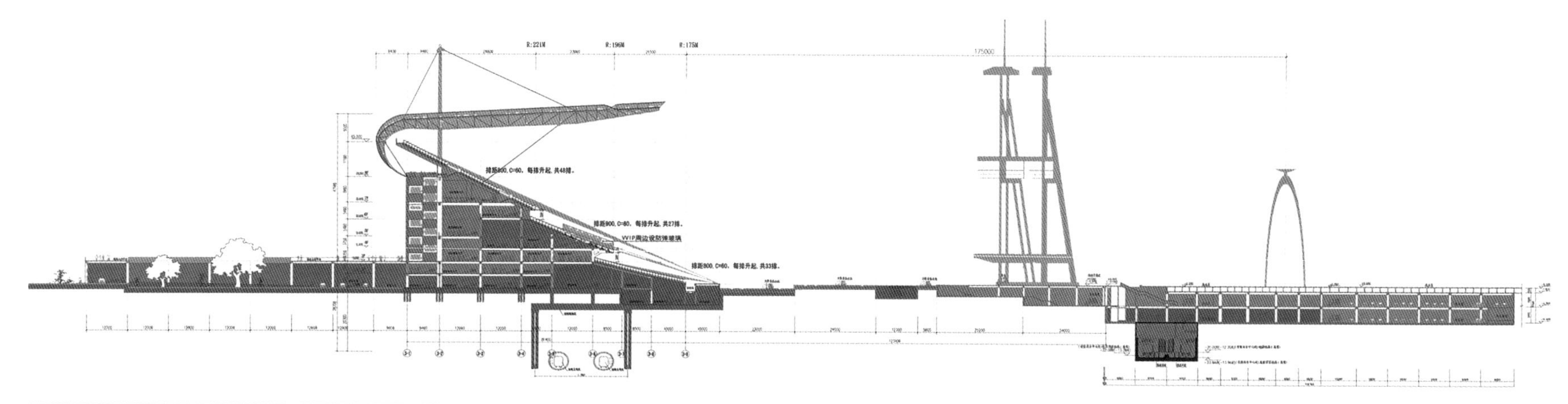

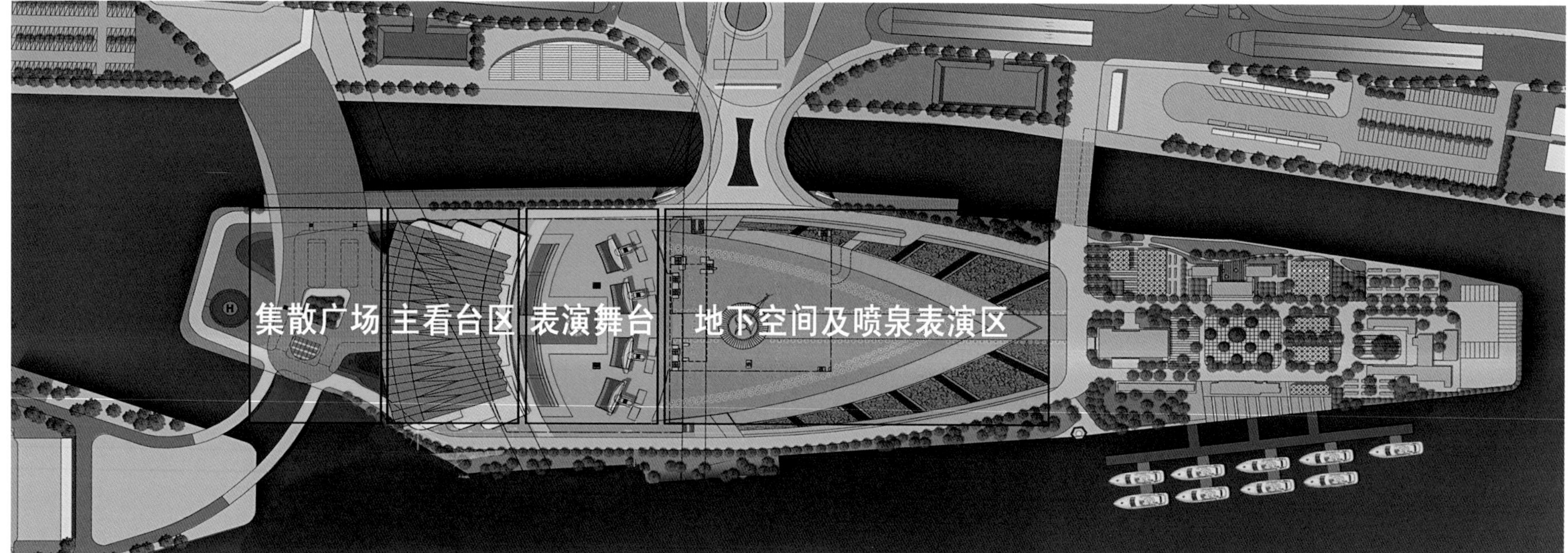

海心沙剖面和平面

海心沙岛位于珠江新城核心区域，广州新城市中轴线与珠江的交汇点，是广州的几何之心、城市之心、活动之心。

开幕式主会场分为5个功能分区，分别是观演活动区、表演仪式区、东侧辅助区，以及供运、临江辅助区和二沙辅助区。

海心沙岛内围绕看台和舞台区设置环岛路，分别连接各外部桥梁道路，岛上共设有5座桥梁连接临江大道和二沙岛。各类人群通过独立的出入口与疏散流线，互不交错干扰。

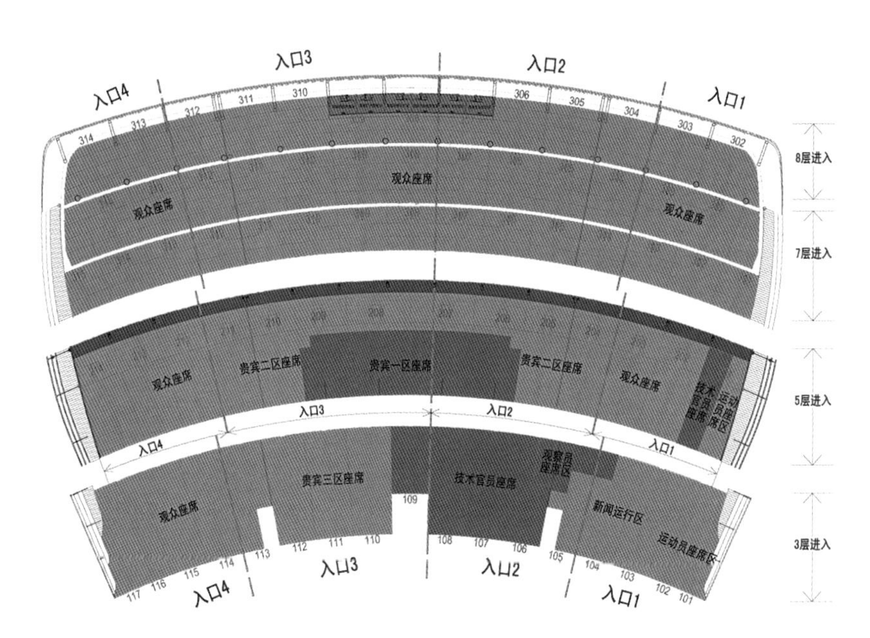

观众席分区平面

宛如长虹的集散广场平台

集散广场平台的建筑面积约9945平方米，平台下为架空层停车场。平台东面连接主看台，北面设有60米宽的桥梁连接珠江水北岸，如同一道彩虹贯通珠江北岸和二沙岛。

扬帆起航的主看台

主看台作为海心沙的重要标志性建筑，看台造型设计独具匠心。它与海心沙舞台和火炬广场共同形成“船”的造型。略微升起的看台恰当地蕴含了“驾驶舱”的造型，侧立面如海蚌，背立面如船舱，顶棚如风帆，整个形态犹如启航的巨轮，呼应着4座巨大的LED风帆，构筑了海心沙的独特景观。看台坐席布置分三层，坐席沿舞台长轴布置，保证良好的视线。看台坐椅采用亚运会火炬色彩——橙色，并构成亚运会标志图案，增添了亚运气氛和韵味。

亚运水舞台

亚运会开幕式表演突出了“水”的创意，表演舞台作为亚运会最直接的展示区，紧扣珠江岭南水文化的特色，配合为演出而设的水舞台、桅杆上的风帆、喷泉、灯光等四大舞台美术设计，演出效果震撼人心，为国内外罕见，最大程度发挥了艺术表演的神奇作用。

水池花海与地下空间

舞台东侧为水池景观区和地下空间，是表演舞台的展示背景，包括了国内罕见的船形大型音乐喷泉，演出节奏变化万千，紧扣“花”“海”“船”的主题，奏出气势磅礴、喷泉水舞之乐章。

海心沙外部实景

海心沙内部实景

海心沙观众席实景

海心沙内部实景

海心沙贵宾厅实景

亚运会开幕式的革命性突破

选址的突破——改变了在传统体育场举办的传统，在室外、在水上举办开幕式的构想是全然创新的，必将作为以后在类似场地举办大型庆典的开山之作而载入史册。

表现形式的突破——室外城市水舞台表演的开闭幕式是一场独一无二的文化盛宴。

建筑设计与表演创意融合：海心沙岛“以珠江为舞台、以城市为背景”来展现开幕式，其气魄宏大超越任何一届亚运会，在珠江之上的城市空间中打造出一艘超大尺度、极具震撼力、以“花”“船”“海”为主题的亚运之舟。

独一无二的水舞台：整个开幕式以蓝色为主题，以珠江水为舞台，奠定了广州亚运会开幕式独一无二的美感。场地设计与表演创意进行了完美配合，处处以“水”为核心进行建筑设计、景观设计和舞台设计，具有浪漫、梦幻、震撼的感觉。

四大创新舞美工程：水舞台、桅杆上的风帆、喷泉、灯光等四大舞台美术设计，采用新科技、新技术配合亚运开幕式震撼人心的表演效果。

超跨度的顶棚悬挑拉膜结构：顶棚悬挑跨度达68米，该雨棚出挑的跨度为亚洲之最。顶棚整体结构造型轻巧美观，完美诠释了建筑造型要求。

复杂的功能流向设计处理：根据海心沙岛地形和看台布局的特点，通过空间竖向立体分区结合时间差来解决观众群流线运行问题。

绿色、生态环保设计：充分考虑赛时和赛后利用的可持续发展。建筑在形式、耗能、采光和建筑材料上均考虑了节能环保。

岭南建筑风格的创新实践

看台、集散大厅、连廊、挑台及串联整个后台服务区的连廊均为开敞式布局，自然通风采光，节约能耗的同时带来清新舒适的感受；在偌大的场所空间里，每位观众都能体验到与大自然的融合；绝大部分建筑材料均取材于当地，建筑构件宁细勿粗，宁薄勿厚；建筑色彩明亮轻快，在珠江映衬下显得格外灵动，在夜幕映衬下显得格外晶莹。

海心沙舞台实景

IFC
ifp
GRCBANK

海心沙鸟瞰实景

广州芭蕾舞团小剧场

建筑实景

广州芭蕾舞团小剧场位于天河区天源路1070号。广州芭蕾舞团是广州市政府专业艺术表演团体综合改革试点单位，本项目是为芭蕾舞团提供表演排练的场地（剧场可容纳360人）。

本项目建设用地面积约5330平方米，总建筑面积9939平方米（其中地上7556平方米，地下2384平方米）。地上5层，地下1层，建筑总高度27.9米，容积率为1.39，属二类高层建筑，采用钢筋混凝土框架结构形式。主要使用功能有观众厅、舞台、贵宾室、化妆间、排练室、道具室、办公室、机动车库等。

本项目充分展现了建筑形式美与建筑功能的结合。项目难点在于需要在狭小的建设场地内布置排练剧场、仓库、剧团办公等多种功能，且拟建建筑位于临主马路一侧，是剧团形象的重要展示。广州芭蕾舞剧团历史悠久，在国内外都有较大影响，因此，在设计上尝试采用方正、整体的造型把所有的功能合理地整合在一起，体现端庄、大气的形象气质。同时，受舞者裙摆的启发，把采光、遮阳等功能需求作为立面主要造型要素，突出项目独特的个性特质。项目规模不大，但建成后的效果得到业主和观众的高度认可。

该项目获得第48届洛杉矶建筑奖。

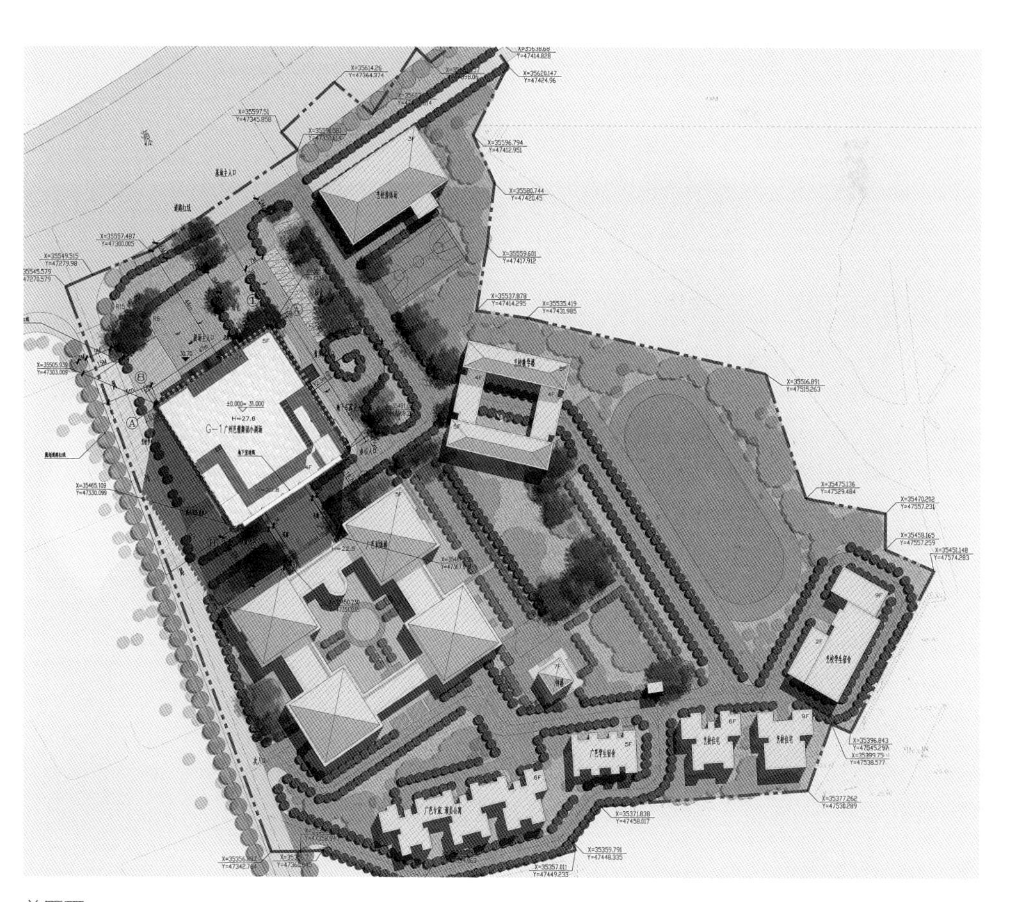
总平面

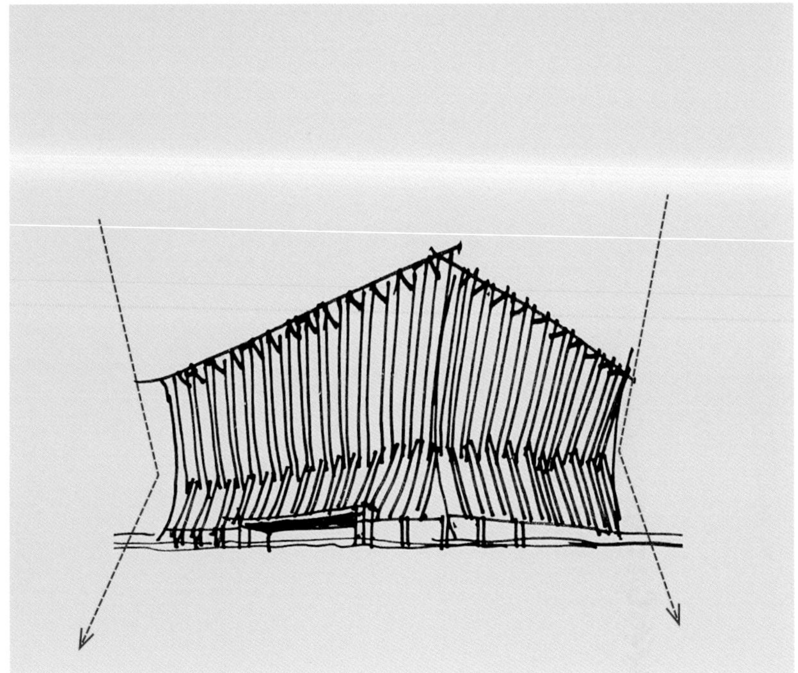

设计构思

“跳芭蕾”的建筑

从芭蕾舞裙漂亮的皱褶，衍生出建筑外墙凹凸交错的体块，强烈的节奏韵律始终贯穿在芭蕾和建筑之间。从跳跃摆动的舞裙，到凝固的建筑音符，行到高处，不同的艺术领域相互渗透融合，仿佛建筑也在舞蹈，体现着相辅相成的视觉美感。

化妆间、道具室等附属功能空间设计在基地南侧，紧邻广州芭蕾舞团训练楼；多功能厅（大排练室）设计在基地北侧，靠入口主广场。主立面褶皱裙摆造型高效地丰富了内部空间视野，主台居中设计，使得流线整体合理、高效。

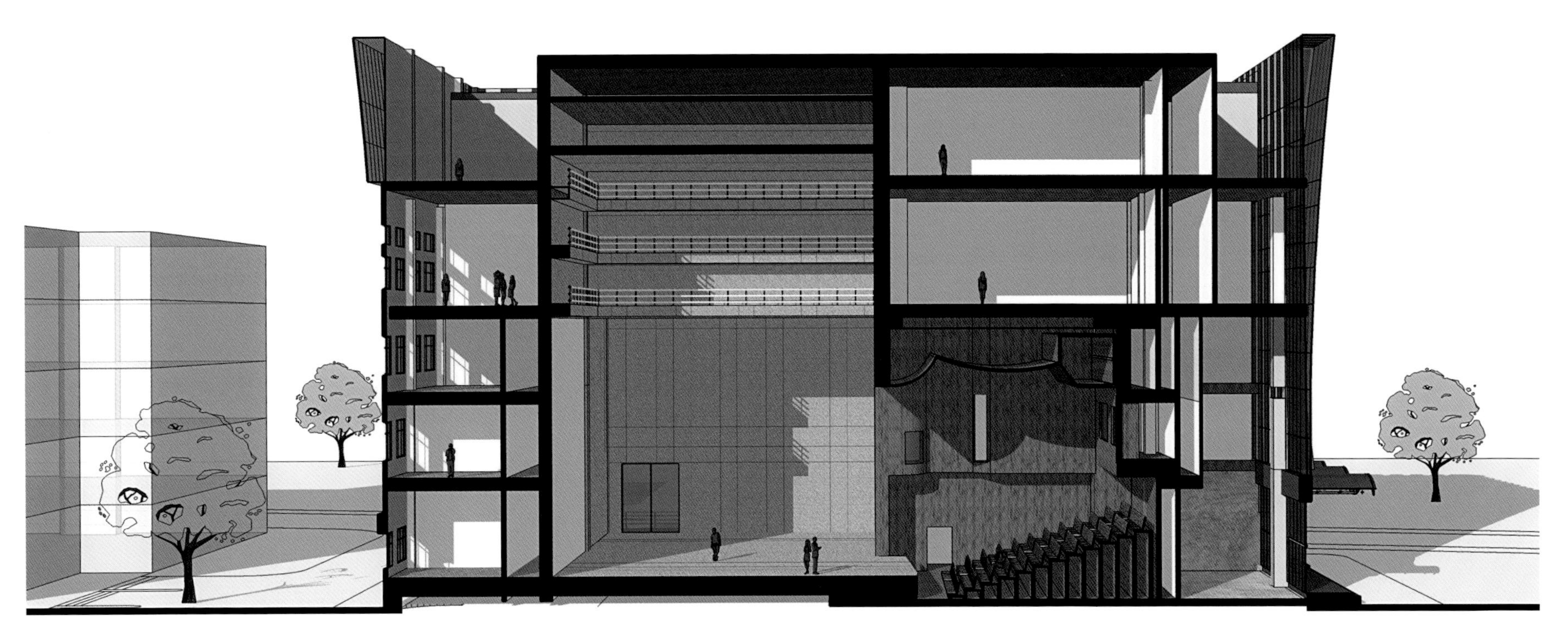

建筑剖面

主入口雨棚特写

次入口雨棚特写

建筑北立面细节特写

建筑南立面细节特写

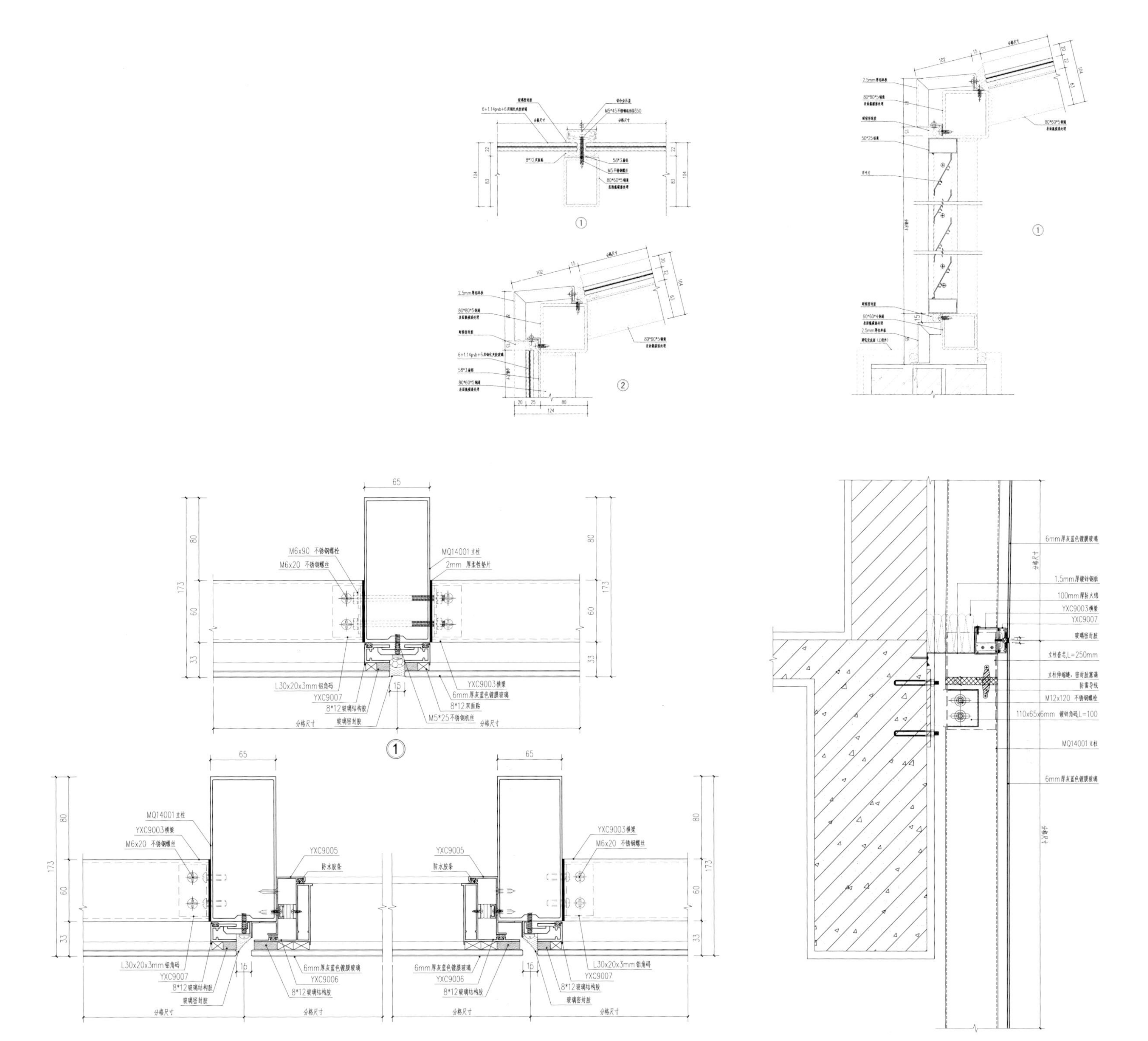

幕墙大样

大堂实景

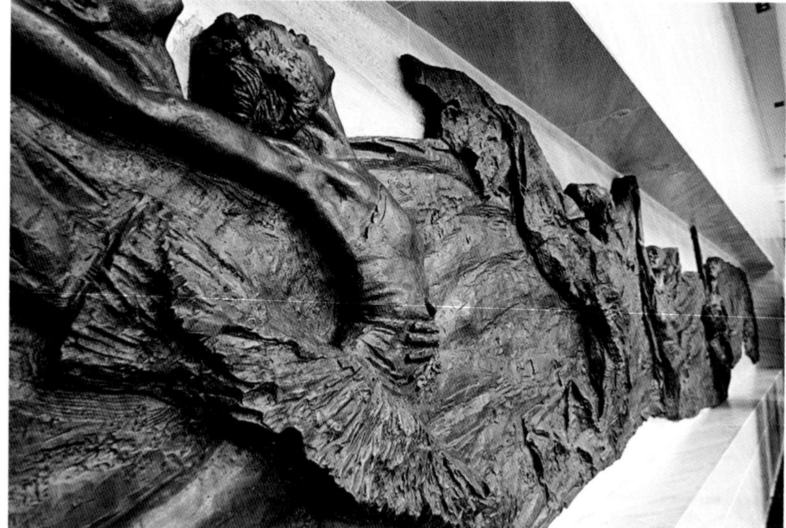

浮雕特写

舞蹈练习室实景

舞蹈练习室实景

观众厅室内实景

广州市城市规划展览中心陈列布展工程

建筑实景

白云观步道

序厅

广州市城市规划展览中心是广州市的一项重要工程，位于白云新城，毗邻白云国际会议中心，是广州对外展示城市历史、现状及未来的重要窗口，被喻为广州的城市客厅。展览中心由规划馆、方志馆、档案馆以及配套办公等复合功能组成。规划馆是其中最为重要的部分。

华南理工大学建筑设计院负责建筑设计。我和我的团队作为业主代表，负责布展工程的创意设计及质量效果总体控制。展馆本身就是最大的展项，这是贯穿布展设计和施工全过程的主线，也是广州市城市规划展览中心区别于国内其他同类展馆的最大特点。

建筑，无论是室外或室内，都与人类似，存在其“性格特征”的内在本质，反映着设计师希望传递的信息。庄重大气、内敛朴实、品质精细、开放阳光是我们一直坚守的标准。空间的营造、流线的组织、材料的选择、构造细节的处理、声光电的配合，以及文字、展板、模型的布置等全部围绕着既定的“性格特征”而开展。

DIGITAL SAND TABLE
数字沙盘
Review
控制性详细规划历程
1990
2017
1980
2000
LAND RESOURCES 有效高效利用土地资源

城市规划厅

城市规划厅

城市规划厅

序
FOREWORD
WATERFRONT CHANGES
水岸变迁
全息
体验
古城变迁

城市史厅—营城溯源

城市史厅—营城溯源

城市史厅—营城溯源

LIWAN LAKE·FENGYUAN
STREET HISTORIC DISTRICT
荔湾湖-逢源大街
历史文化街区

名城保护厅

概况厅

广州全域总体模型展示厅

枢纽型网络城市重点展示厅

大台阶实景

建筑实景

广州市第三少年宫

建筑实景

本项目位于广州市黄埔区黄埔文化中心，黄埔体育中心南面，毗邻黄埔区图书馆，是一座为城市新区小朋友构建梦幻游戏场与课外学习空间的建筑。

广州市第三少年宫总用地面积28000平方米，建筑面积28942.6平方米，分为东、西两区，少年宫教学主楼位于东区，小型剧院位于西区，两区通过空中连廊连接。

第三少年宫设有广州市少先队总部室、儿童媒介素养教育研究展示中心、汽车交通安全试验室和城市设计体验室等少儿新型活动与课程探索创新基地，是少年儿童阅读、学习、休闲娱乐的好去处。

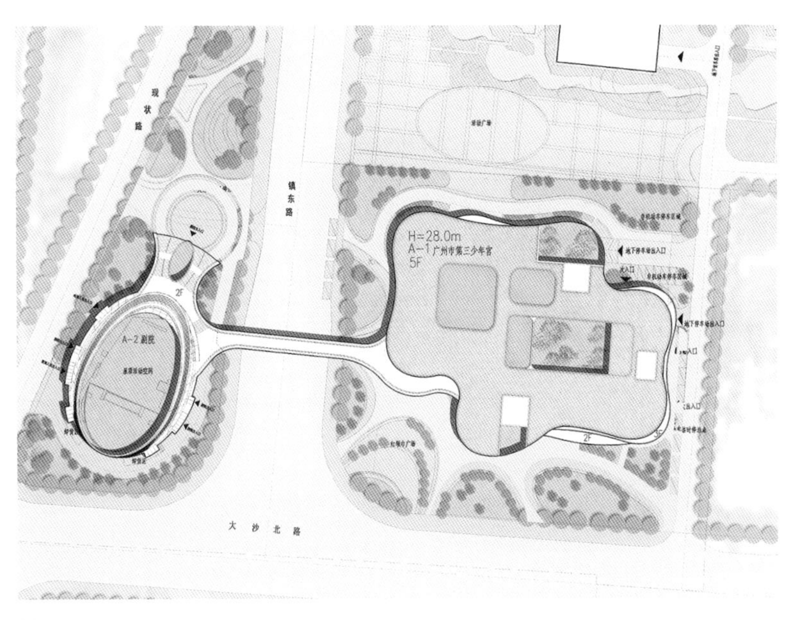

总平面

庭院立体折叠，创造会呼吸的建筑

三中庭箱套，空间共享，构建公共区域微气候，借鉴传统智慧，以绿色理念保障环境的健康和舒适性，让建筑在广州湿热的气候环境下仍能保持自然舒适的通风条件，让建筑“自然呼吸”起来。在场地面积紧张的约束下，教学主楼空间组织集中紧凑，通过开敞与半开敞的庭院空间设计，使主楼空间拥有较好的自然通风与采光条件，并能为学生及家长提供舒适的休息等候空间。围绕垂直庭院空间进行平面功能分区与交通流线组织，庭院空间能改善每间教室的通风采光物理环境，各层空中庭院作为引风口，与主庭院形成立体的通风体系，有效改善建筑室内的物理环境。

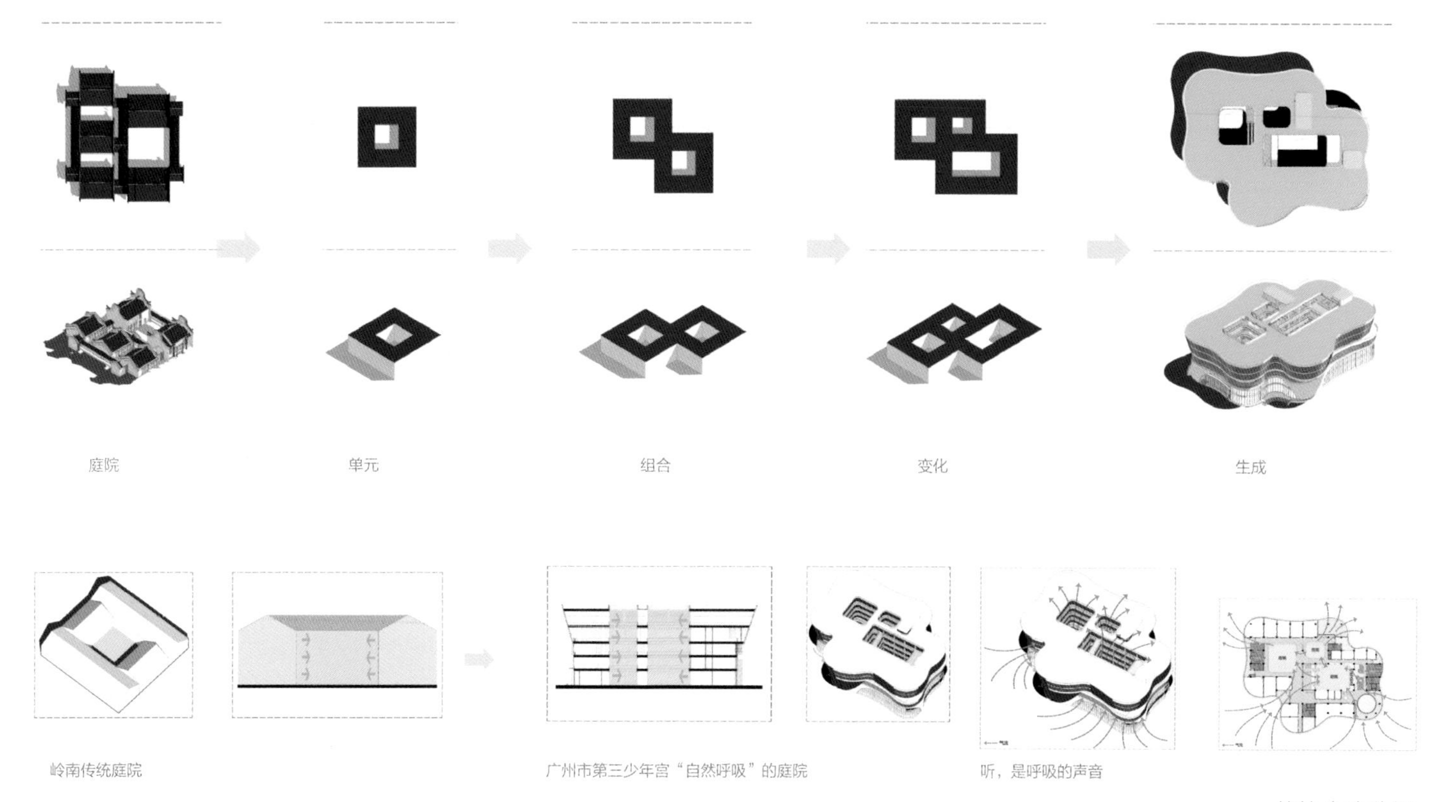

体块生成分析

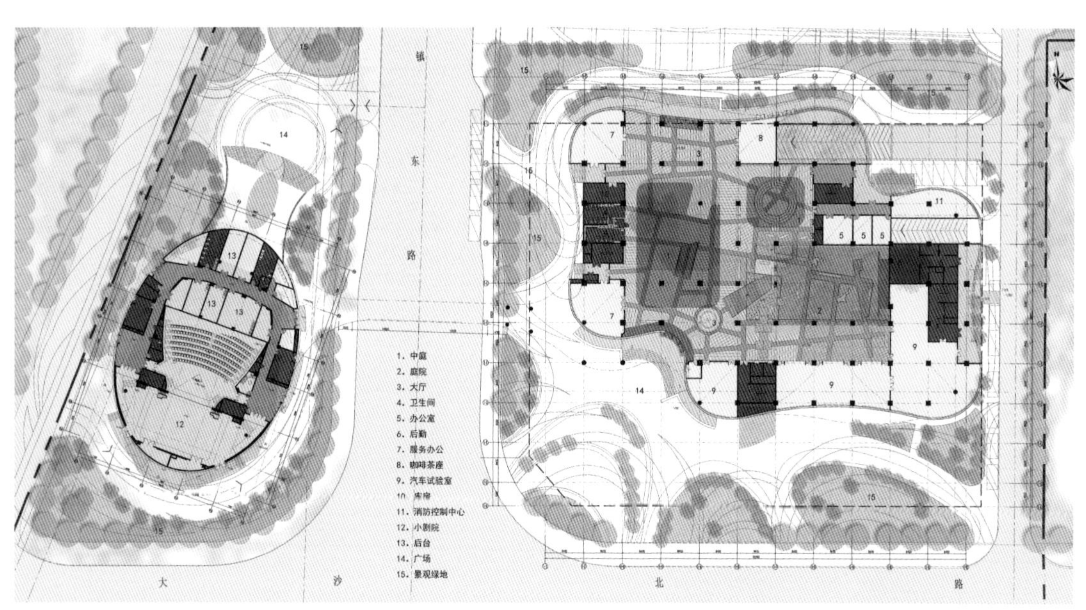

首层平面

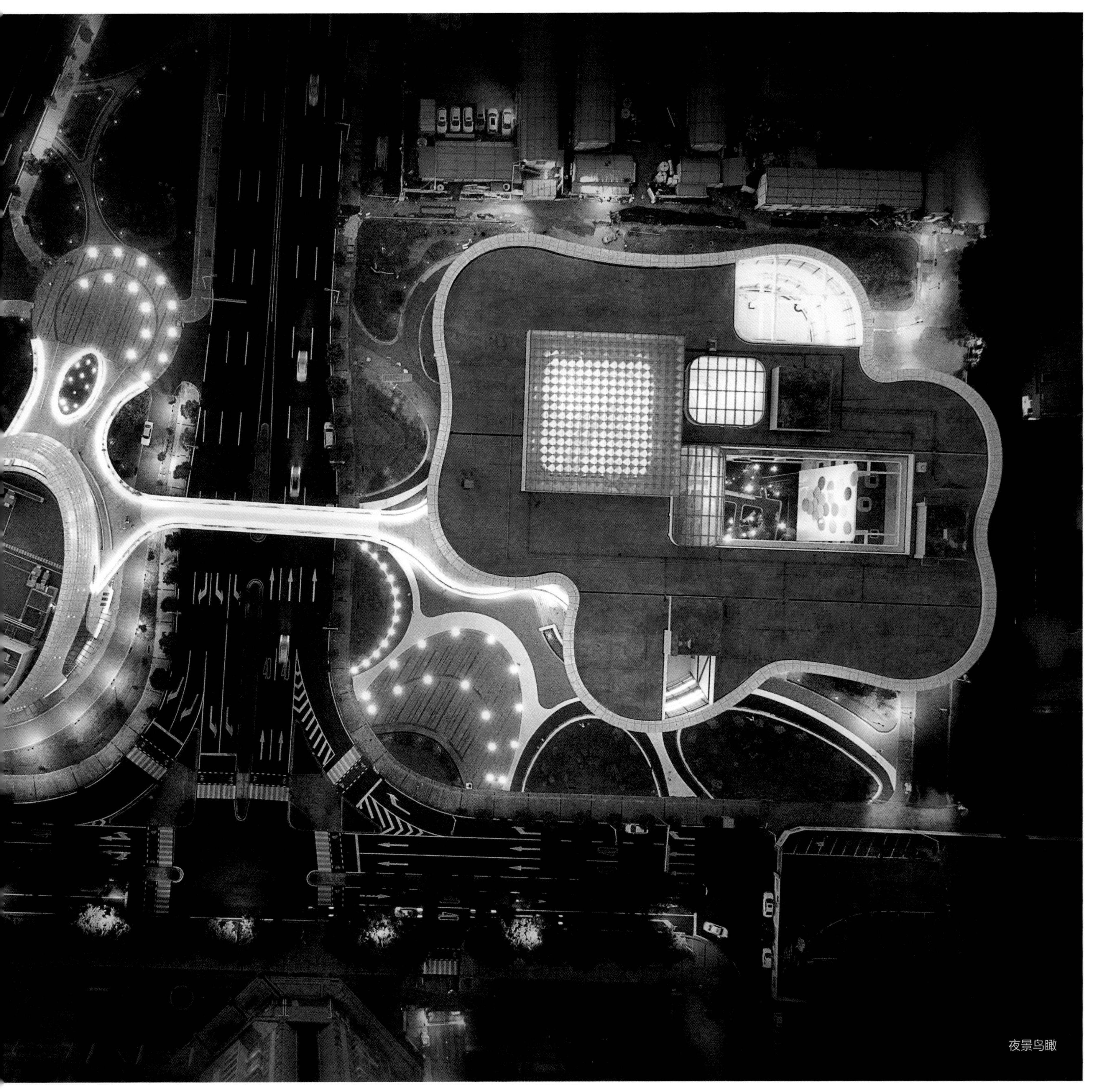

夜景鸟瞰

低点透视图

立面细部

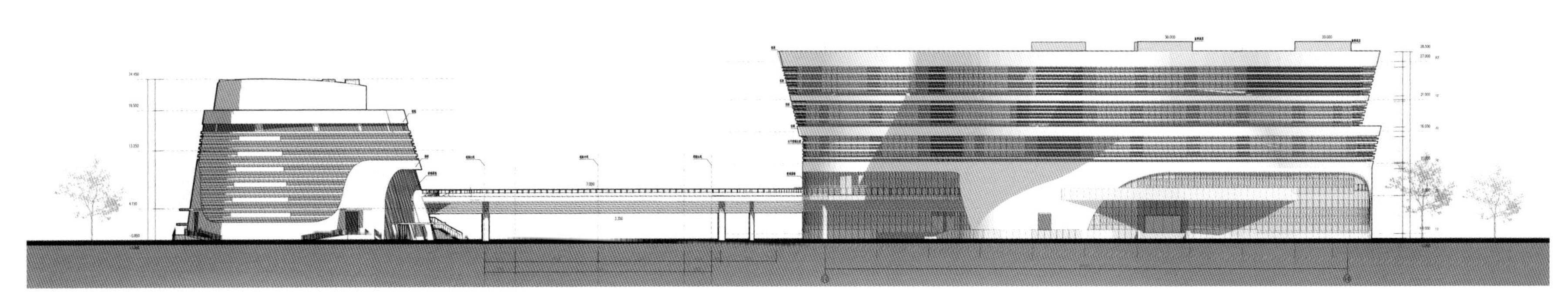

建筑立面

立面细部

建筑内景

建筑实景

建筑夜景

台山市华侨文化博物馆和档案馆

建筑实景

本项目为台山市档案馆与台山市华侨文化博物馆两馆合建，规模定位分别为大中型博物馆及县级一级档案馆。

两馆项目位于广东台山市南区台南大道北侧、陈宜禧路西侧，与新宁体育馆相对分列于华侨文化广场主轴线东西两侧，总用地面积6667平方米，总建筑面积26555.2平方米，地上7层，地下1层。

项目所在的华侨文化广场，是一个集侨乡历史文化、市民公共绿色休闲活动与“爱国爱乡”教育基地、全域旅游重要节点等功能于一体的公共空间，广场以南北主轴线布局，以远方山体作为景深背景，两馆主体与新宁体育馆相对分列于东西两侧，良好的图底关系更加强化了广场的空间序列。

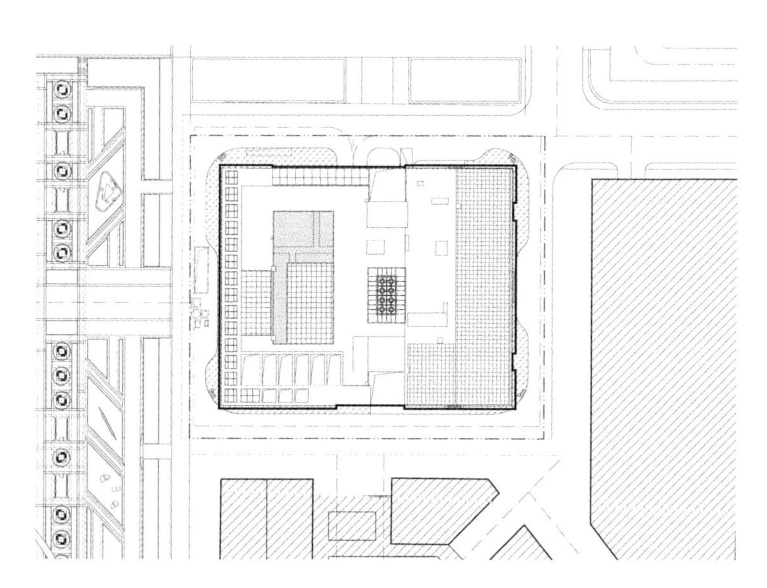
总平面

建筑实景

在入口中庭的半室外空间，借鉴中国传统绘画中留白的技法，大面积的实墙面留作光影的承载面，结合台山海边城市阳光充沛的气候特性，创造出丰富而有趣的光影效果；同时，在面向华侨文化广场的主立面上，重现了部分台山经典碉楼的样式，呼应侨乡文化的展示。

设计采用了强化符号、光影留白等手法，提取碉楼中花窗元素予以简化，形成符号，在镂空表皮、天窗、骑楼等位置以不同形式反复出现，强化视觉记忆，让传统文化的气息在建筑中渗透蔓延。

入口实景特写

入口实景特写

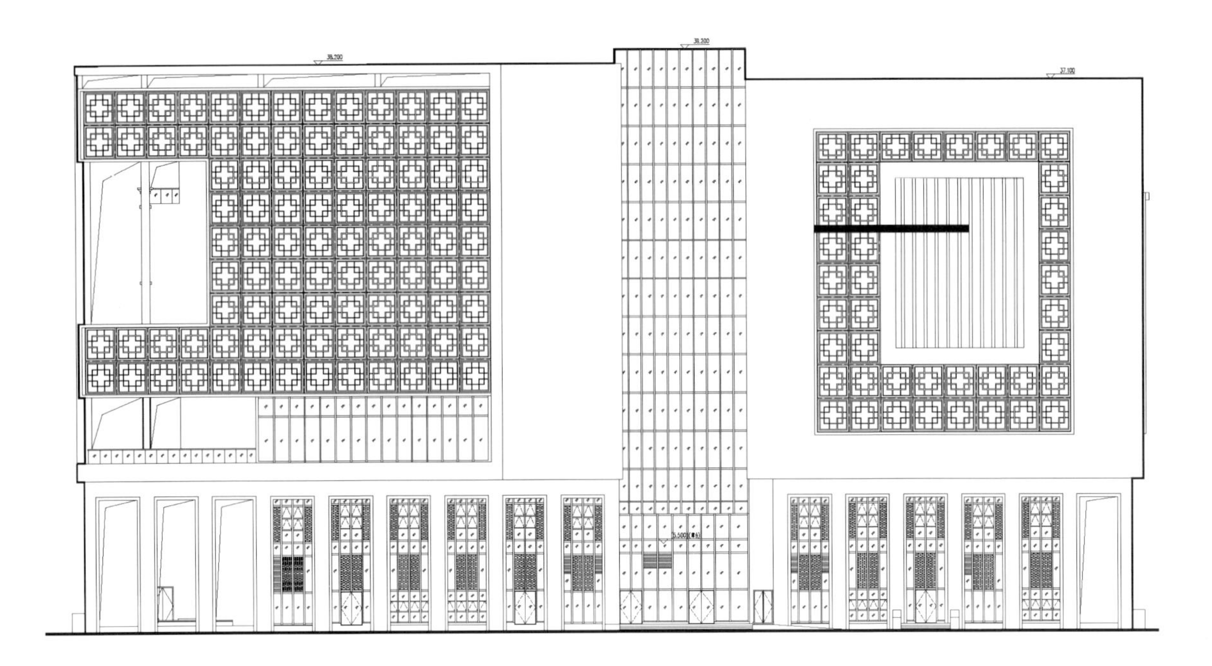

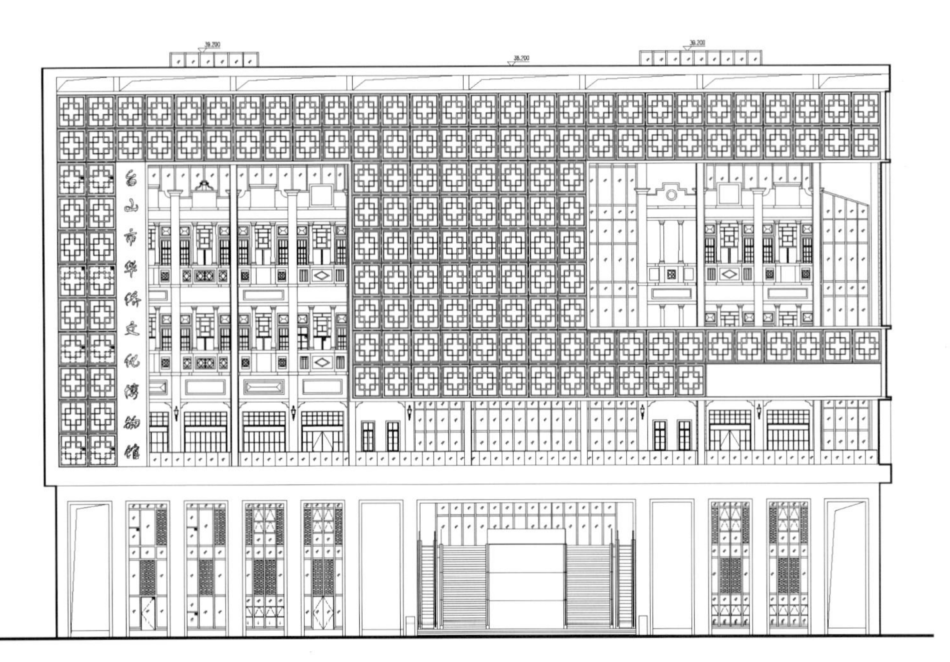

建筑立面

建筑实景

镂空花窗表皮、陶土板幕墙、玻璃幕墙等多种不同幕墙体系穿插使用，以玻璃的透亮搭配陶土板的厚重，再点缀以镂空花窗的轻盈，三种幕墙相互衔接自然，收口简洁干净，局部两层通高中庭还采用了一个结构受力主体承担内外两层不同幕墙的特殊节点，充分表明成熟的幕墙技术为建筑师的表现手法开拓了更大的展示空间。

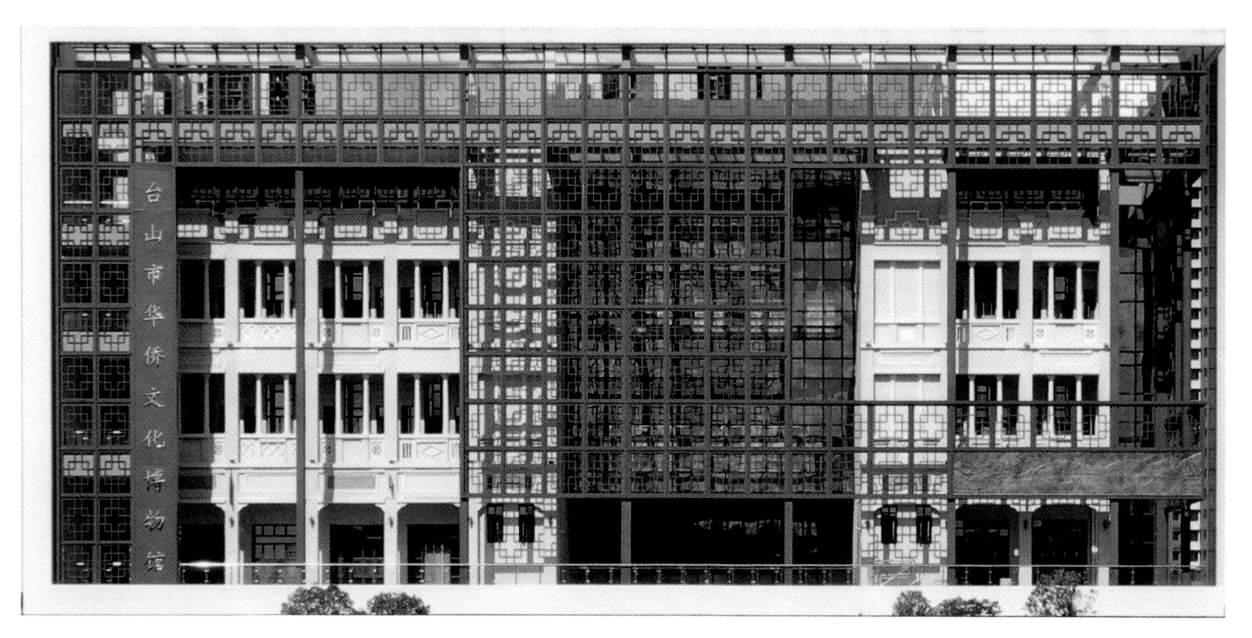

建筑入口实景

室内实景

在空间关系处理上，入口中庭串接空中连廊而成为半室外空间，展厅中庭通过花格天窗形成主交通空间，各展厅亦能通过平台、展廊等次要交通与半室外空间衔接，空间的多变和相互交融是本项目的另一人特色。

走向世界
TOWARDS THE WORLD
台山向海而生，位于海上丝绸之路深海航线与沿岸航线交汇的重要节点，宋代以来，广海一直是历代海上丝绸之路管理的重镇，上川岛保留着大量海丝史迹遗存，便利的海洋交通条件使台山早在唐代以前就开始向海外移民，大规模的海外移民潮形成于近代，早期主要以东南亚为主，后发展为以北美洲为主，中南美洲、大洋洲、欧洲等国家为辅的基本格局，百余年来，他们在金矿锡矿矿区、铁路工地、农场田野、种植园场辛勤劳动，参与住在国的经济建设，甘于奉献，推动着当地社会进步和文化发展，是世界历史进程的见证者和贡献者；他们更是中华文化的传播者，将中华民族勤劳勇敢的优秀品德和饮食、武术、习俗、信仰等带到世界各地，展示中华文化魅力，成为住在国多元文化的重要组成部分。
Taishan, a coastal city situated on the important intersection of the deep sea route of the Maritime Silk Road and the coastal route. Ever since the Song Dynasty Guanghai has been the important town for the management of the Maritime Silk Road for all the later dynasties. While in Shangchuan Island there have been preserved lots of historical sites. The convenient traffic condition enabled Taishan to send emigrants overseas as early as before the Tang Dynasty. The large scale emigration wave formed in the modern times. In the early stage Southeast Asia was the main direction of migration and later developed into a basic pattern with North America as the main direction and South America Oceania Europe and other countries as the auxiliary. For more than 100 years, these overseas Chinese have been working hard willing to contribute in the gold and tin ore mining areas, on the construction site of railroad in th fields of farms and plantations, taking part in the economic construction of their residing countries so as to push forward the social progress and cultural development. Therefore, they are the witnesses and contributors of the world's historical process. Moreover they are the transmitter of Chinese culture bringing the industrious and courageous virtues of Chinese people, as well as Chinese diet, martial arts, customs, beliefs etc. to all of the world, displaying the charms of Chinese culture which has become an important component part of their residing countries.
明代

室内实景

建筑鸟瞰

广州辛亥革命纪念馆（方案）

项目选址于广州市长洲岛上，拟建一座现代化纪念博物馆，以收藏并展示多方征集来的辛亥革命历史照片和文物。

建筑造型中采用巨石板块的破裂与折断来隐喻辛亥革命对整个旧中国社会体制和民族生存状态的颠覆与冲击——以“破旧石”隐喻“破旧世”，以红砂岩材质的塔状体量从白色巨石板块的压迫和夹缝中喷薄而来象征这场自上而下的革命力量之不屈，以及最后必将取得胜利的必然趋势。

鸟瞰效果图

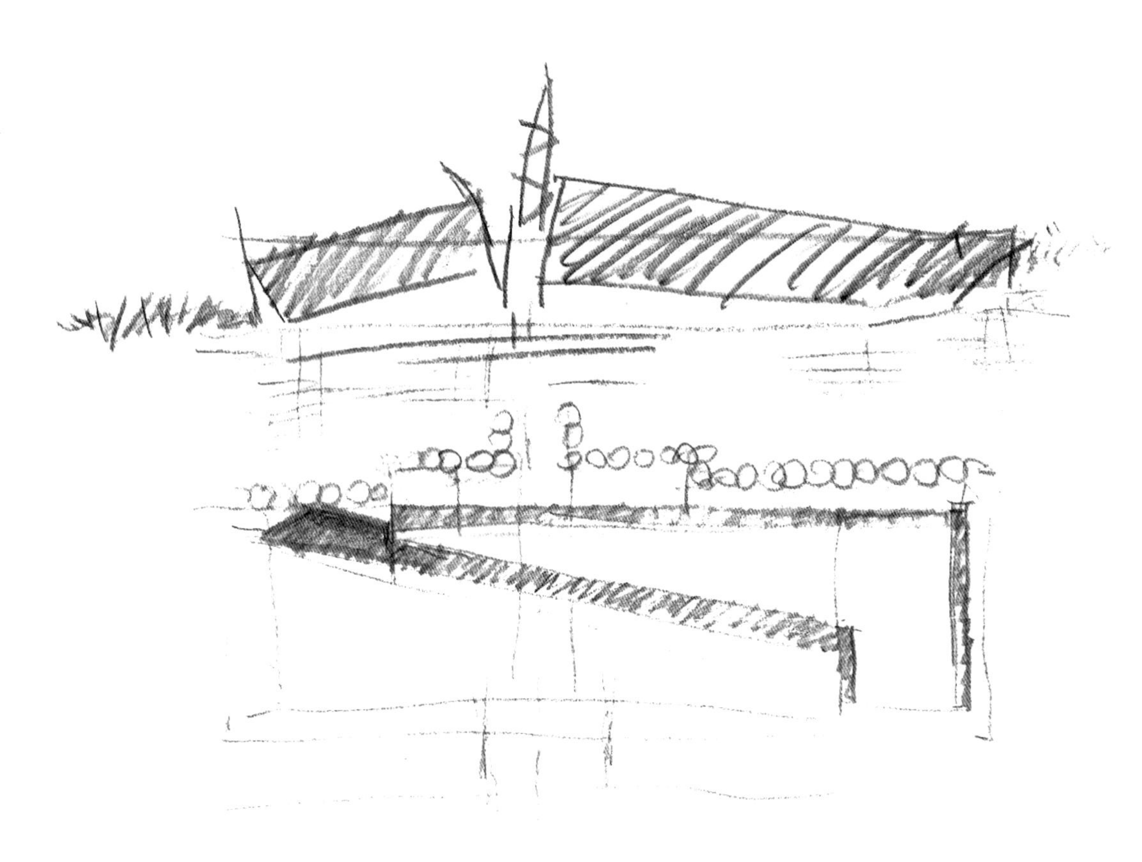

构思手稿

建筑效果图

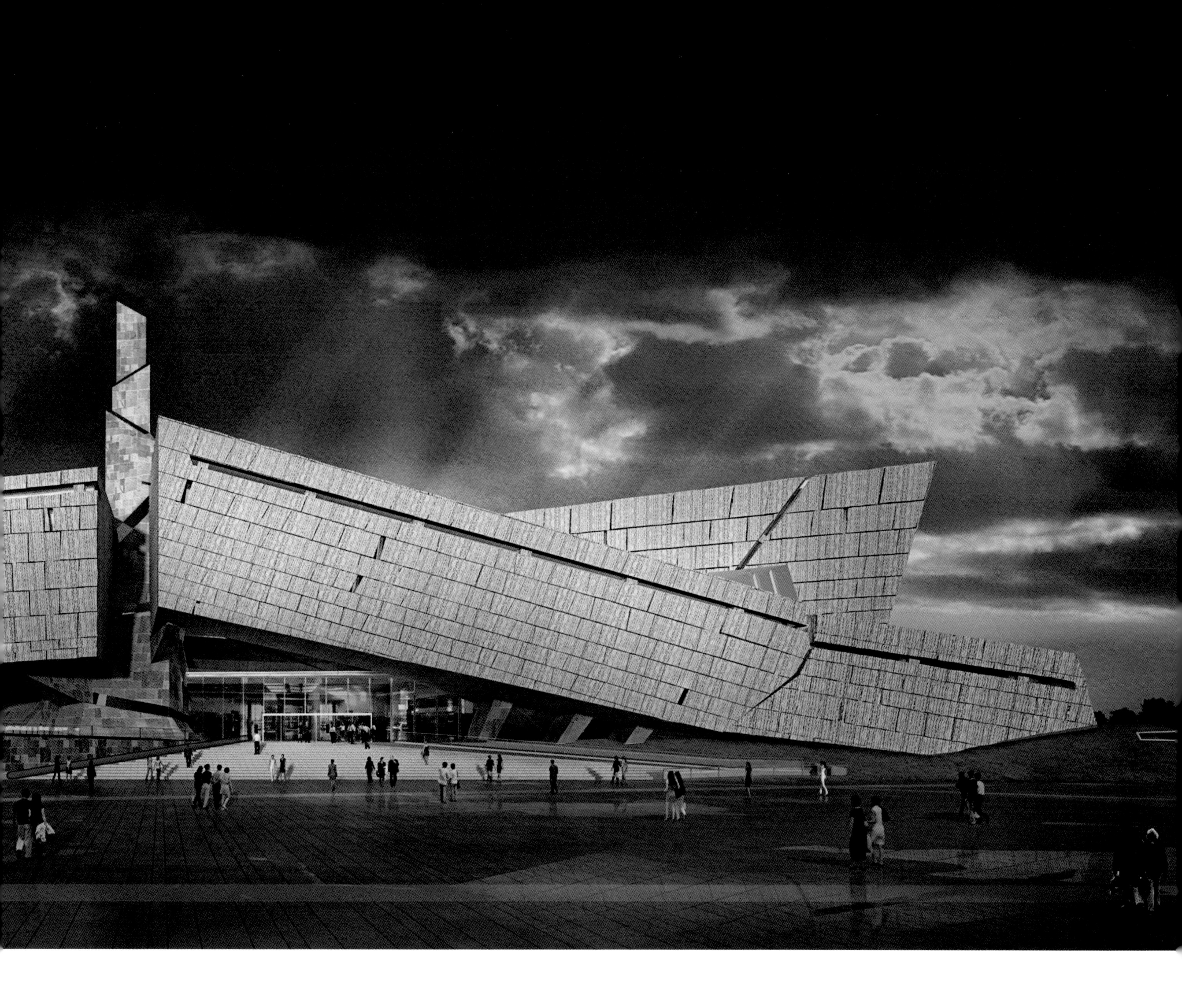

建筑效果图

建筑立面

建筑效果图

建筑效果图

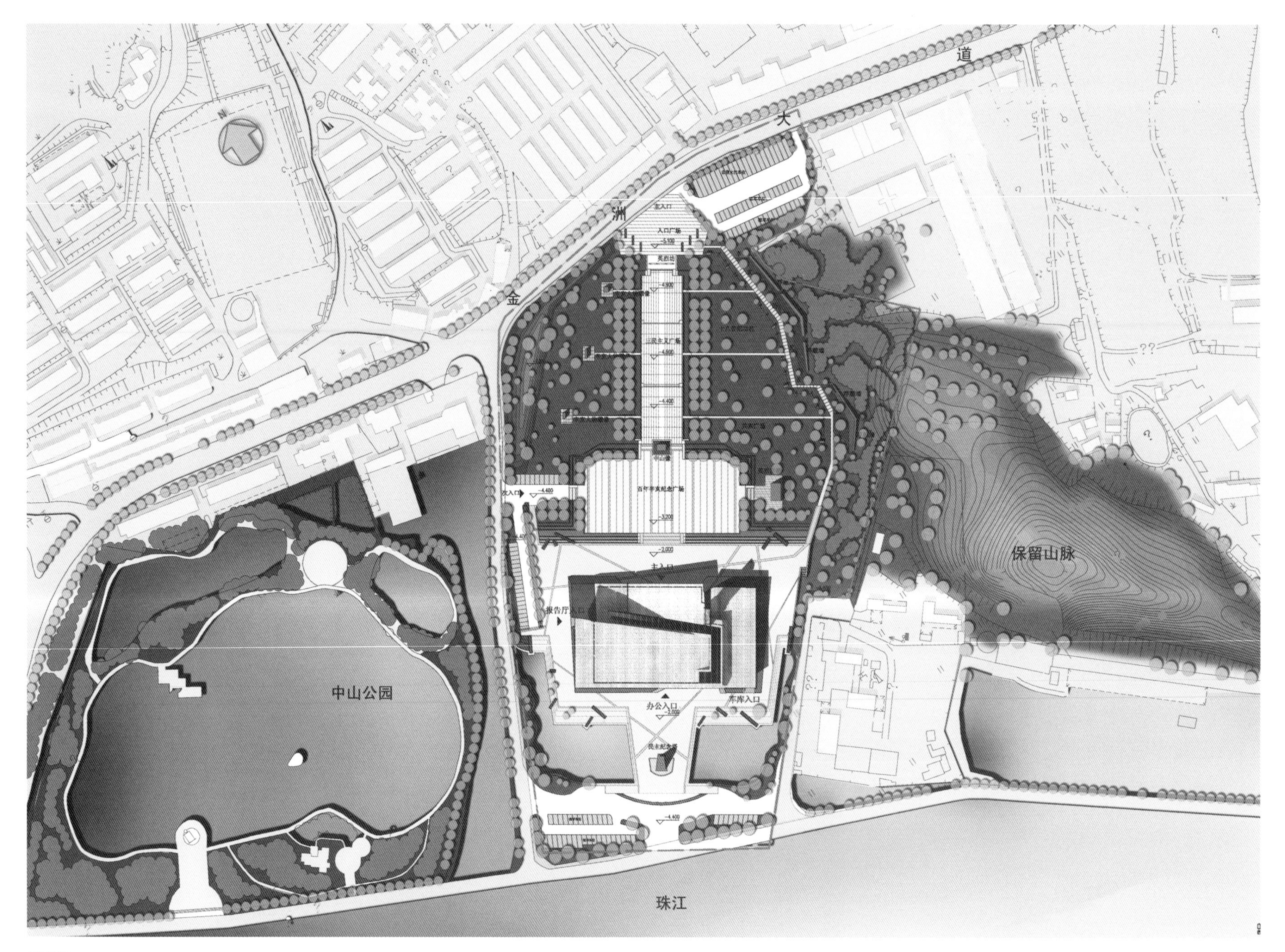

总平面

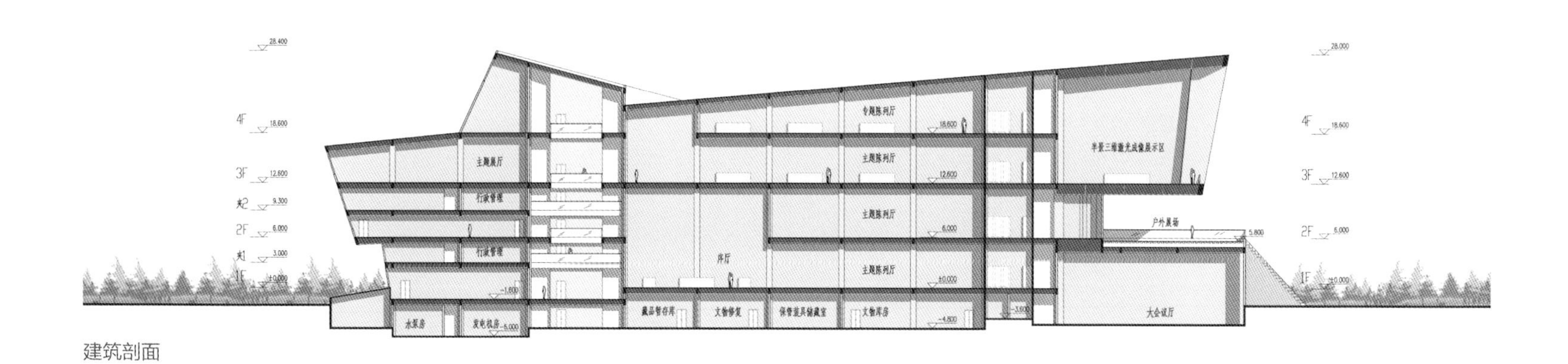
建筑剖面

内部空间效果图

广东国际划船中心

广东国际划船中心效果图

项目外观效果图

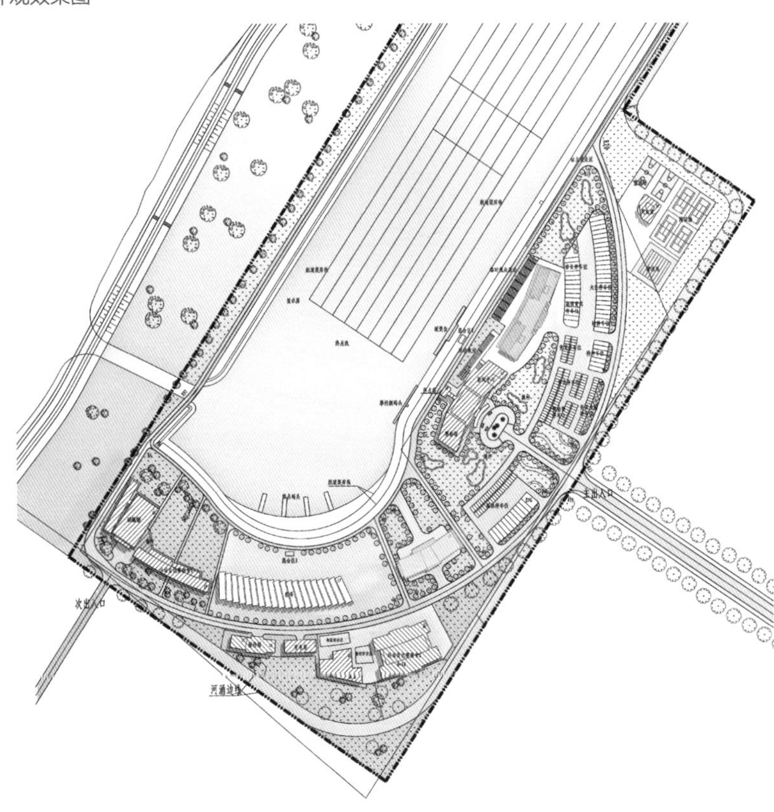

总平面

广东国际划船中心是广东省政府为迎接2001年中国第九届全国运动会在广州举行而兴建的一个国际标准的静水划船中心。

广东国际划船中心总规划用地面积约64.13公顷，现有总建筑面积13326平方米，新建建筑面积2800平方米。工程建设主要包括三大部分，即赛艇湖工程（比赛用航道工程）、陆上建筑工程以及场地环境设计工程（主要包括相关的市政工程以及园林绿化工程）。

广东国际划船中心于2010年承办第16届亚运会相关比赛项目，需要在现有建筑的基础上进行改造和扩建。中心内增加比赛综合楼、赛前热身房、观众看台等亚运会省属场馆项目建设，满足亚运会的比赛需要。

综合楼实景

赛前热身房实景

HOSPITAL & EDUCATION& SPORTS ARCHITECTURE

医养 教育 体育 建筑

广钢集团广州刀剪厂旧厂房改造工程
广州市妇女儿童医疗保健中心
中山大学附属第三医院岭南医院
汶川县人民医院
广州市第八人民医院（二期）
汶川县羌医骨伤科医院
仲恺农业工程学院新校区（一期）
广州珠江新城 E 区中学
广州市第一幼儿园文体综合楼
广州天河体育中心全民健身综合场
云浮市体育场

广钢集团广州刀剪厂旧厂房改造工程

建筑实景

建筑鸟瞰

新闻联播
NWEN LIANBO

建筑内部实景

广州市海珠区工业大道上的大量工业用地在2000年前后进入衰退期并逐渐荒置。本项目建设的养老功能建筑不仅合理活化了闲置厂房，激活了原有城市工业锈址，并且在高密度的城市群中为老者保留下一片“大隐隐于市”的养老世外桃园。

本项目改建后功能为花园式养老建筑，总床位数230 床，项目周边医乐结合，依托珠江医院、东方红大院组成了一个寓养于乐的社区，为老年人提供了一个颐养天年的场所。

面对刀剪厂旧有工业遗址，采取保留加固、升级改造、新建串联三种手法进行设计，从而弥补原有建筑在适老方面的不足，并且将城市片区中已荒废闲置的建筑活化利用，使工业遗迹的重生，为片区升级做出积极贡献。

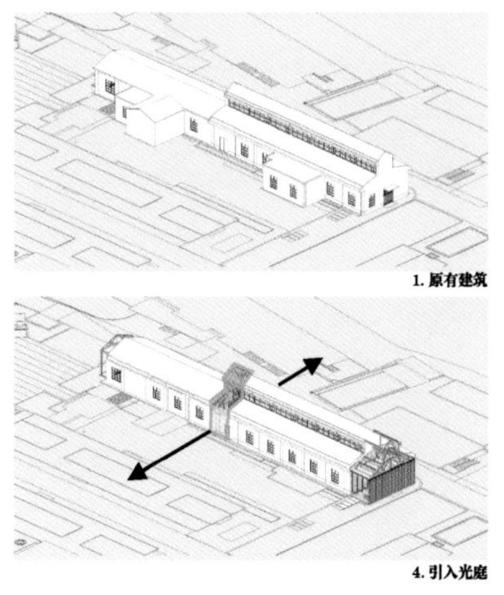

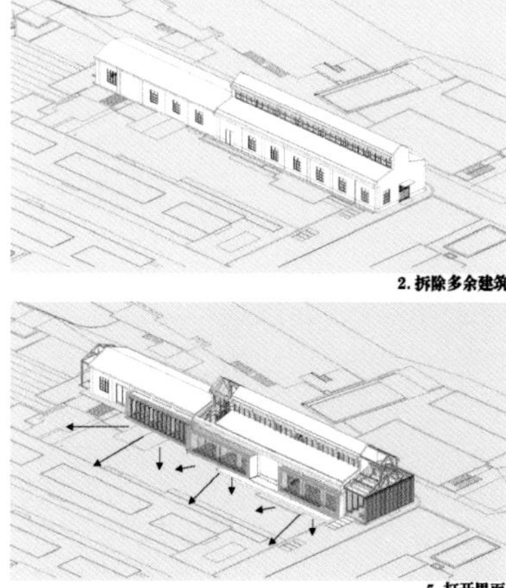

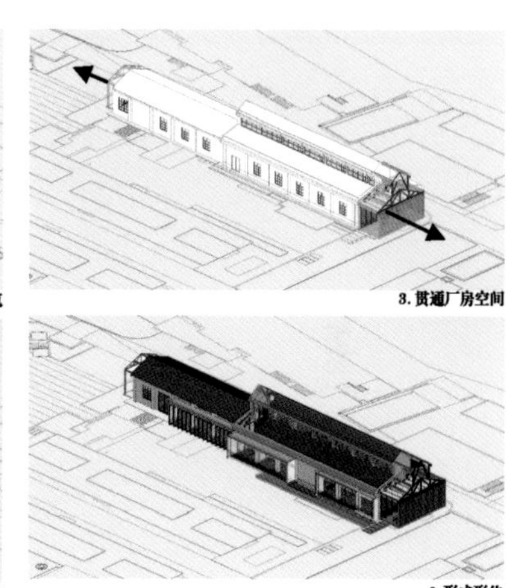

体块生成分析

通过对原有建筑解析、重塑、采取保留加固的设计手法，改善并提高原有工业遗迹的建筑空间感觉，激发工业遗产独特的活力。

建筑实景

楼梯特写

建筑实景

面对刀剪厂旧有工业遗址，采取新建串联手法设计，弥补原有建筑在适老方面的不足。

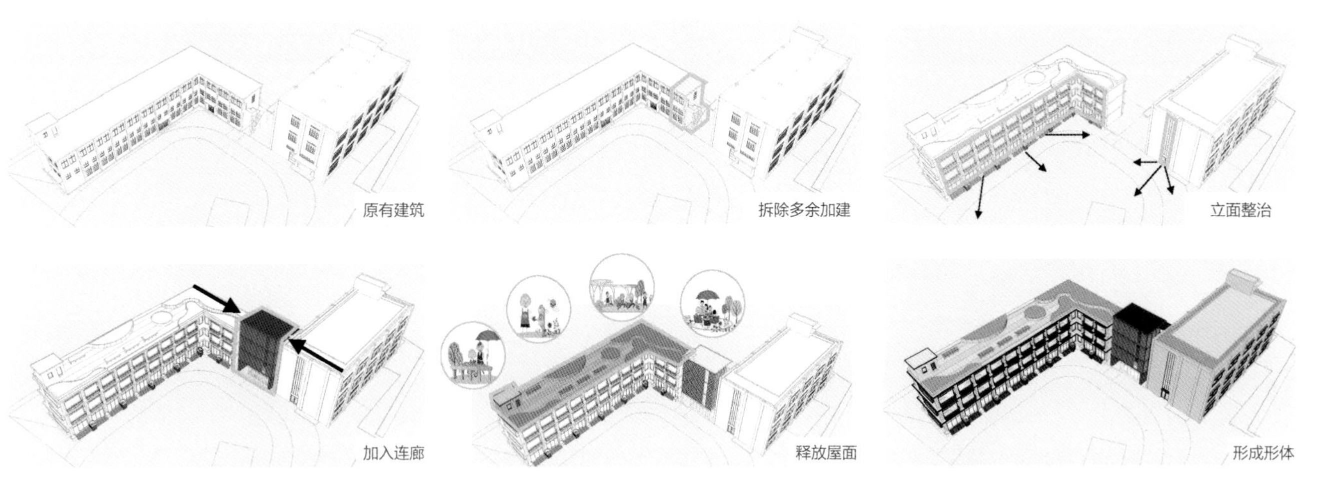

串联空间体块生成示意

接待大厅实景

接待大厅立面

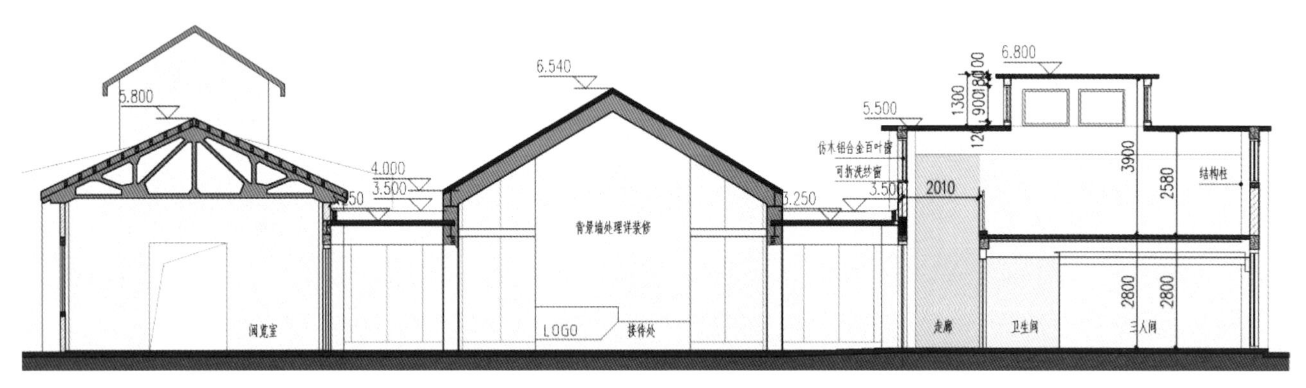

接待大厅剖面

接待大厅实景

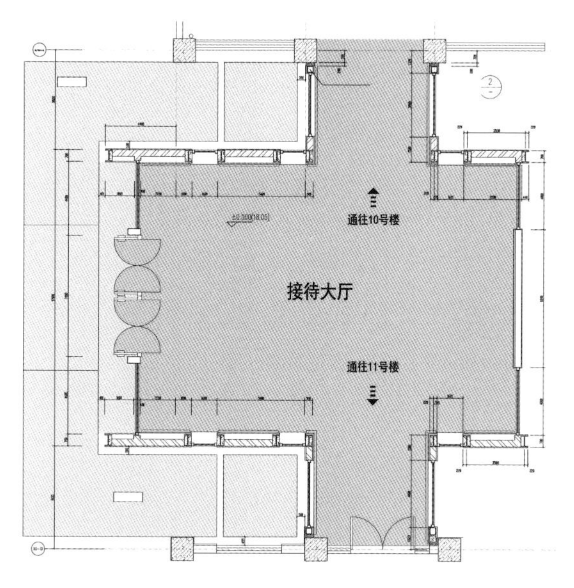

接待大厅平面

接待大厅实景

住房室内实景

住房室内实景

建筑夜景

广州市妇女儿童医疗保健中心

广州市妇女儿童医疗保健中心（以下简称“中心”）是广州市政府为提高广州地区妇女、儿童医疗保健整体水平，满足广大群众对卫生医疗的需求，完善广州地区的城市医疗服务功能而兴建的。广州市妇女儿童医疗保健中心位于珠江新城中心区，邻近广州城市新中轴线，南面为金穗路，东面为华夏路，北面为华强路，西面是规划路；东南面邻近广州地铁三号线“花城大道站”。该保健中心是一座以妇女、儿童为主要服务对象，集预防、医疗、保健、科研为一体的大型医疗服务中心，现已成为广州医疗卫生系统的标志性建筑。

中心总规划用地面积约为27600平方米，总建筑面积86156平方米。建筑由一幢15层高的板式塔楼和5层裙楼组成，建筑高度为70.9米。建设规模为700个床位，日门诊量约5000人次，为三级甲等综合性妇女儿童专科医院，建设投资为6.6亿元人民币；地下停车位共259个，自行车库850平方米。

鸟瞰实景

该建筑设计贯彻“梳形”空间立体发展的设计理念，以“王”字形经典医院平面构成空间，获得功能紧凑、通风采光优良的空间体系，并适应医院复杂的功能系统。利用中部南北向“医院街”的简明性实现内部空间的易识别性，并形成整体交通核心。

各功能区按资源共享的原则，根据医疗流程设计为既相互独立，又紧凑联系的整体。门诊各科为尽端布局，减少穿科现象，防止交叉感染。宽阔的走廊、敞亮的中庭、尽端式的各科门诊区及其独立的二次候诊空间可解决人多时的拥挤问题。

门诊区、急诊区、医技区、病房区、行政办公区、院内生活区和后勤保障系统等功能区依靠建筑的南北中轴线来组织垂直和水平空间布局。门诊区、急诊区、行政办公区布置于裙楼医院街的南部；医技区布置于裙楼的中部，以便缩短各区到达医技区的距离；病房区布置于医院北端的主楼中；行政办公区和多功能会议室布置在裙楼的五层；四层布置手术中心和妇科ICU；五层布置中心PICU和NICU、新生儿病区。

建筑实景

建筑夜景

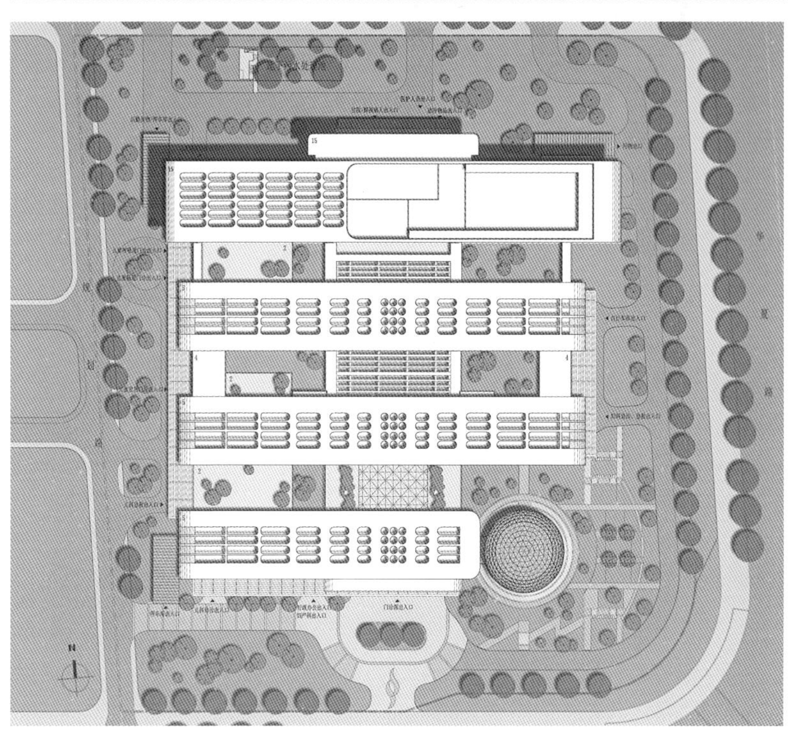

总平面

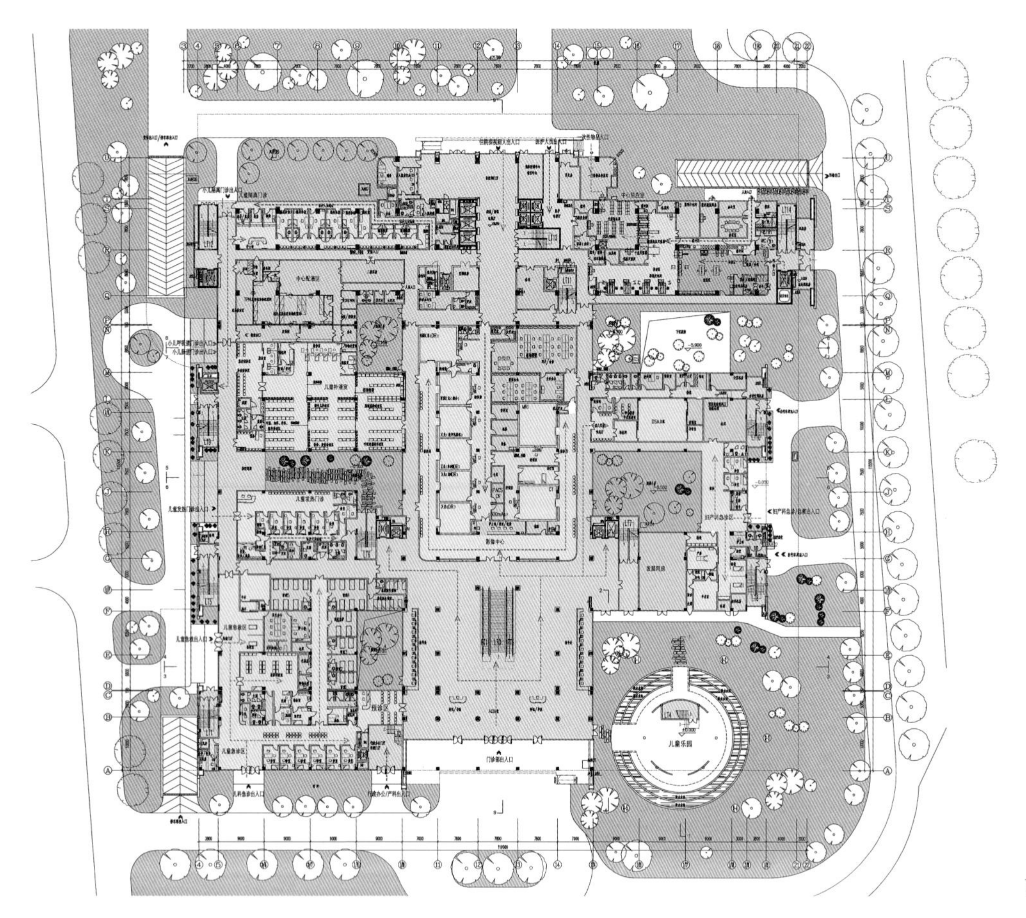

首层平面

平面布局

地下室：本工程的地下一层共分为5大功能板块——太平间及污物收集区、后勤保障区（包括后勤维修、仓库以及营养食堂和职工食堂等）、设备用房、机动车库以及自行车库等。地下机动车库、自行车库和部分后勤用房还兼作人防工程使用。

首层平面：以南面的入口大厅、影像中心、住院部电梯门厅为轴，在空间上有意识地把儿童急诊急救、感染门诊等放置在建筑物的西侧；而妇婴急诊急救则放置在建筑物的东侧；另在建筑物的东北角设置了医院的中心供应和预留高压氧舱的位置；由于儿童门急诊的补液病人较多，在首层东侧儿童补液区旁还设置了静脉药物配置中心，以供门诊和住院部的集中配液使用，从而达到资源共享的效果。

二层平面：在设计上，建筑仍以中庭和门诊药房为轴，在空间上有意识地把妇女、儿童的门诊区域分别设置在东西两侧，甚至在门诊药房的等候区也同样有意识地分两侧布置。本层从南至北依次布置了特诊区、儿童眼科门诊、新生儿保健区、儿童内科、儿童肠道门诊、收费处、门诊中西药房、妇女补液区、妇科门诊手术区、儿童呼吸道门诊、儿童皮肤门诊、中心药房及病理科等。

三层平面：本层设计以中庭和功能检查区为轴，也在空间上有意识地把妇女、儿童的门诊区域分别设门诊、功能检查区、妇科门诊、妇女内外科门诊、中心检验区以及血液科等。

四层平面：本层从南至北依次布置了儿童五官科（含儿童口腔和儿童耳鼻喉科）、生殖中心、腔镜中心、中心手术部和妇科ICU等。

五层平面：本层从南至北依次布置了行政办公区、职工文娱中心（礼堂）、计算机中心、培训教室、PICU、层流设备区、NICU及新生儿病区等。

中庭实景

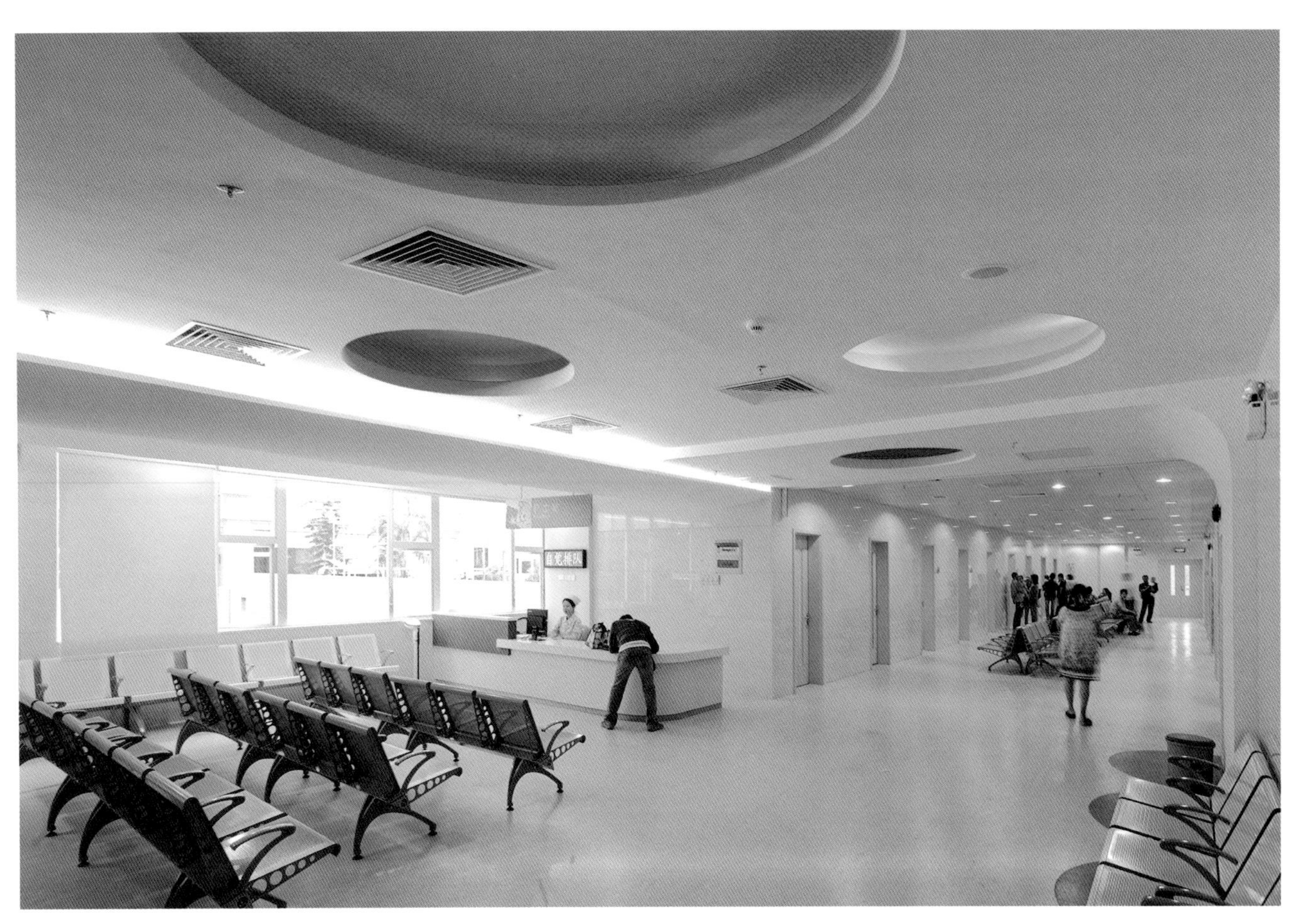

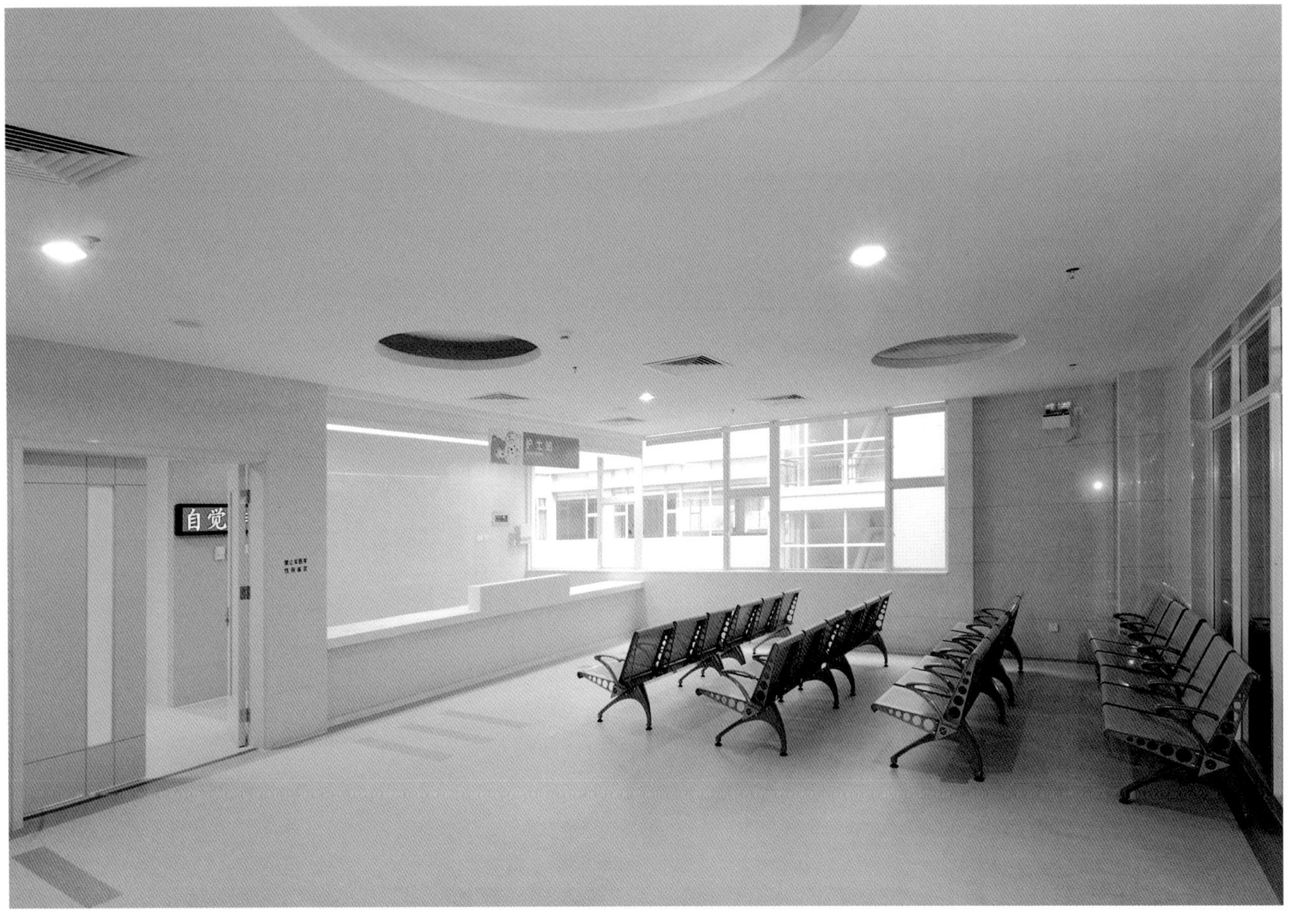

内部实景

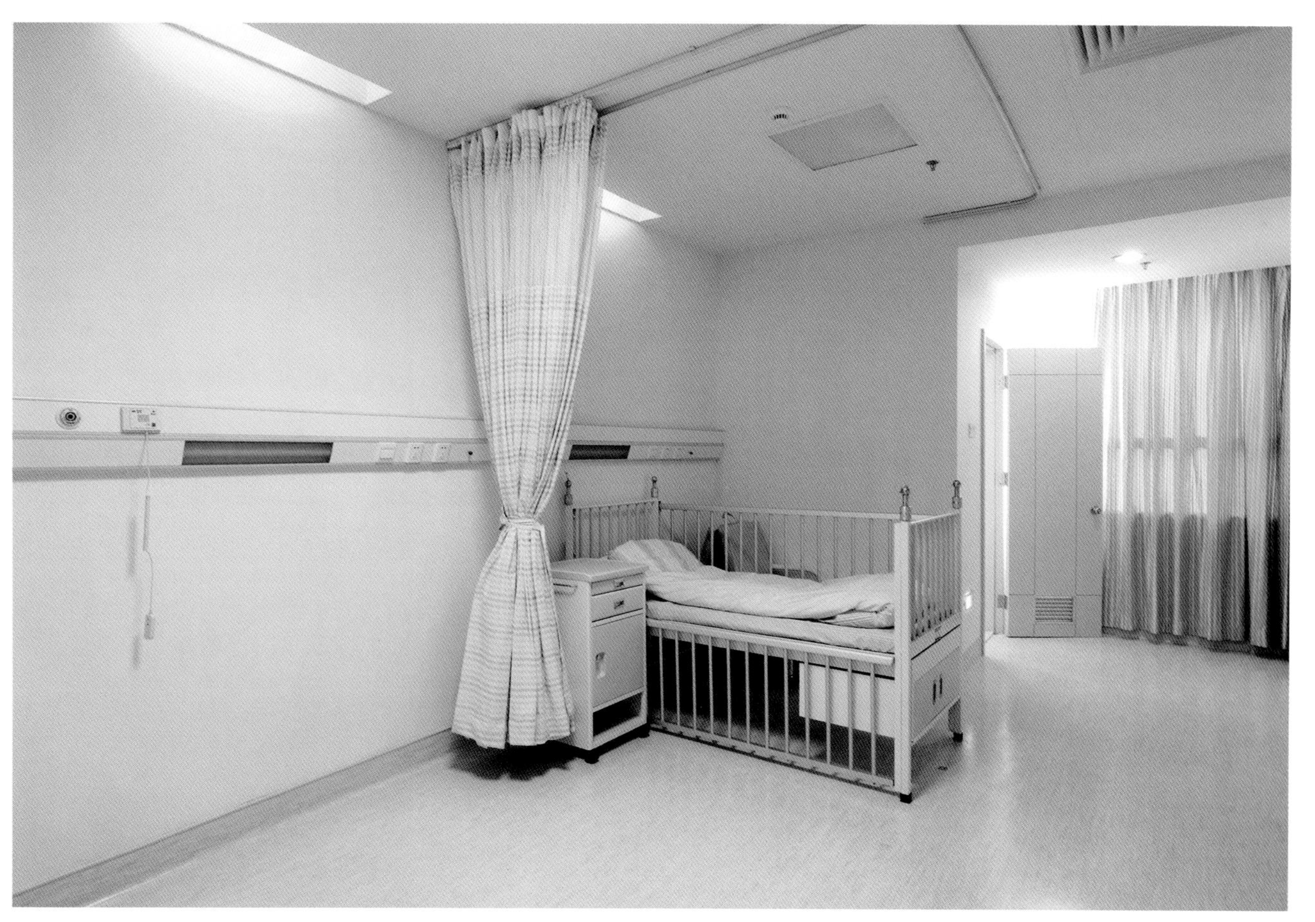

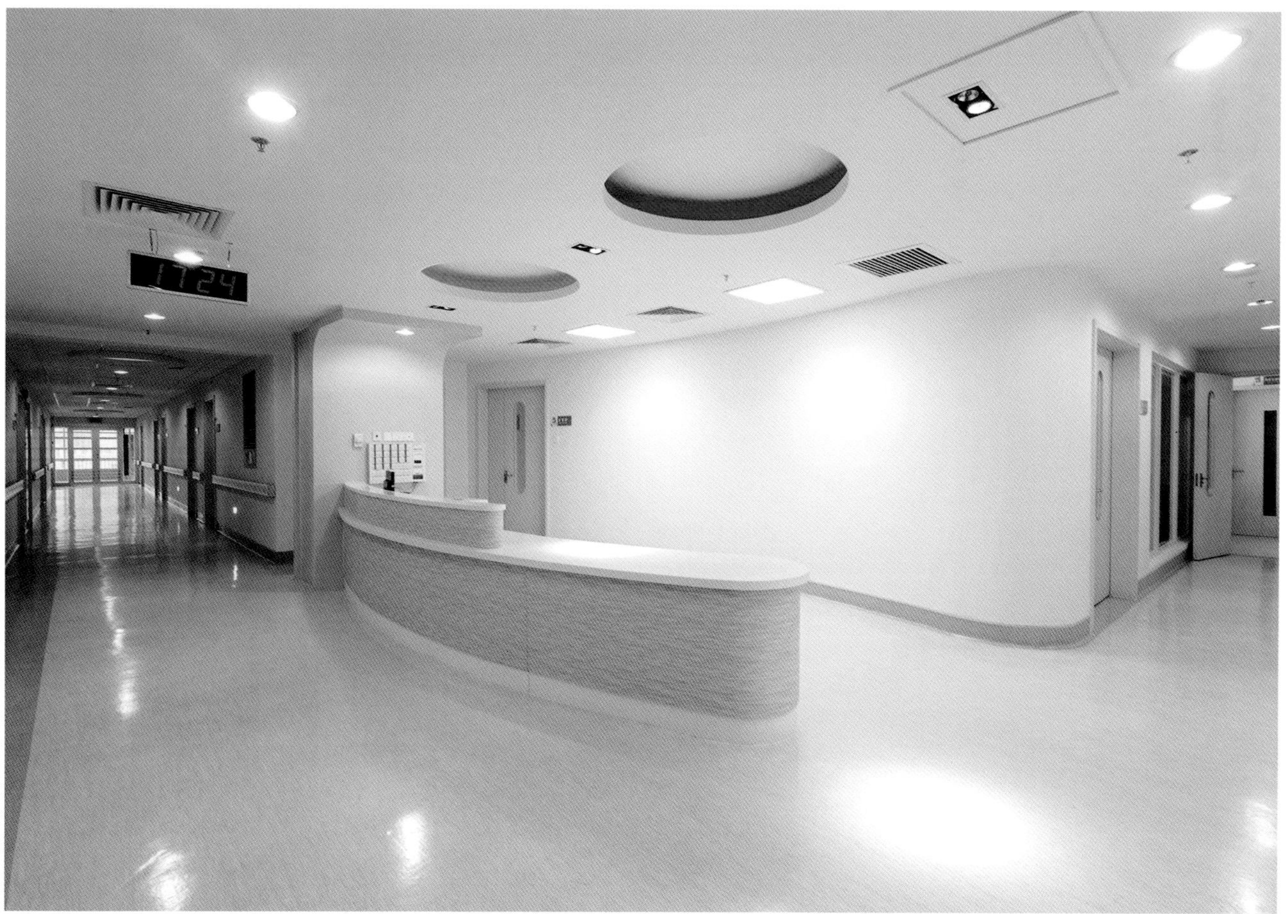

内部实景

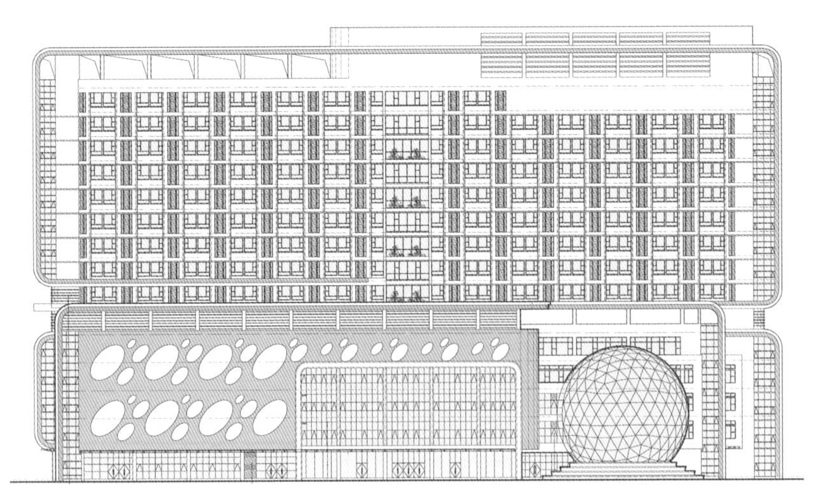
南立面

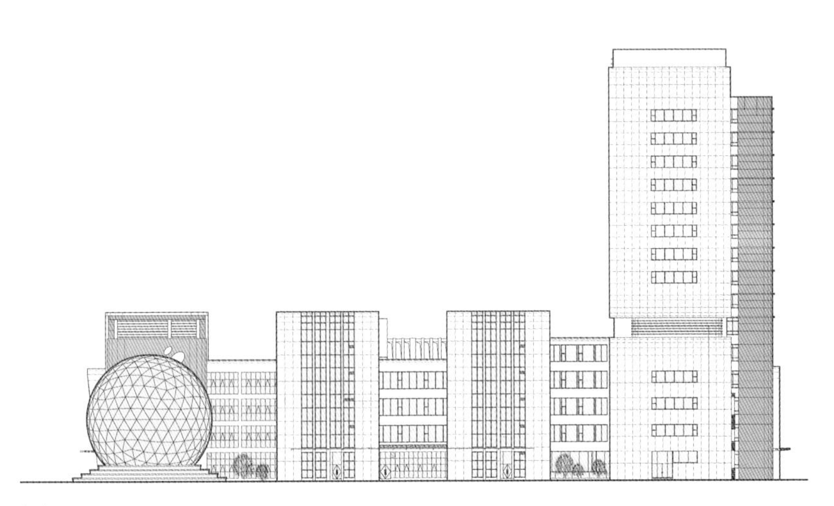
东立面

以简洁、清晰的现代形象表达现代妇儿医院的内涵，力求打破传统医院冷峻的形象，赋予妇儿保健中心新意义，形成轻快、活泼又富于标志性的形象特色。建筑利用屋面折曲的折板，将各功能体整合为一个完整统一的体量，利用重点部位的球体造型和色彩处理反映现代医院的特色和个性。

建筑实景

中山大学附属第三医院岭南医院

建筑实景

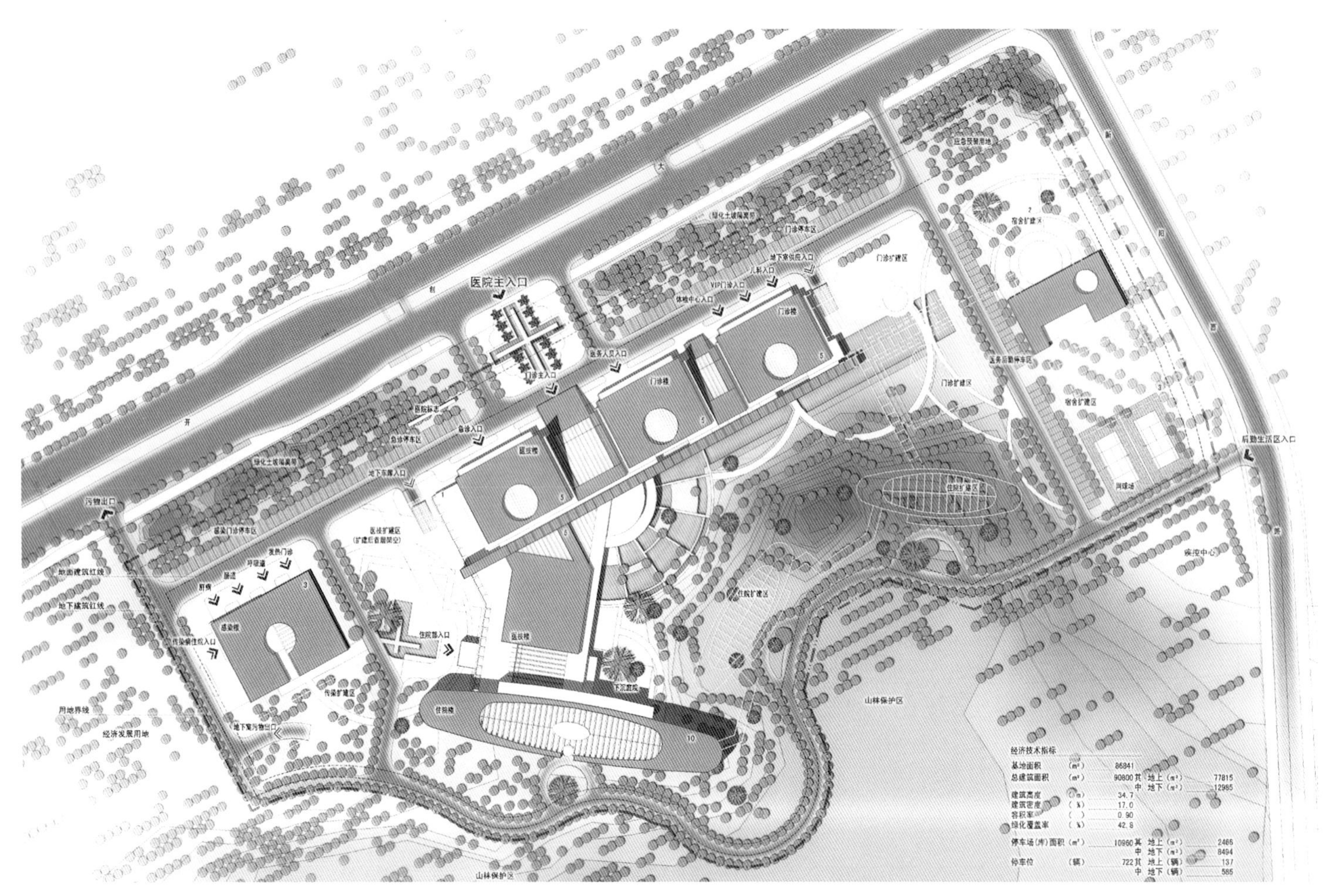

总平面

中山大学附属第三医院岭南医院是广州市东部开发区最具规模的综合性三级甲等医院。医院用地位于广州科学城中心，新阳西路以西、开创大道以南地块。总用地面积约为8.7公顷，建设规模为600张床位，日门诊量达3000人次，总建筑面积92055平方米。

岭南医院建筑群由10层的病房楼和5层的门急诊医技楼组成。建筑群依山而建，与自然环境相融合，通过医院街将门诊、医技、住院各部分连成一个整体。病房楼外观呈方舟形态，简洁新颖，突出了医院建筑的特色，具有很强的形象识别性。门急诊医技楼内设置了开敞通透的阳光大厅、具有岭南特色的内部庭院以及室内外互相渗透的敞廊、敞厅、敞窗、架空等过渡空间，符合岭南地区的气候特点，既可改善室内采光通风，提升节能效果，又使建筑空间与园林空间得到了很好的渗透，为病人提供优美景观，及具有良好通风采光的治疗和休息环境。

岭南医院建成后已经成为萝岗地区的标志性景观，为城市环境增色添彩。

中山大学附属第三医院·岭南医院
LINGNAN HOSPITAL,SUN YAT-SEN UNIVERSITY
门诊 Outpatient
中山大學嶺南医院
Lingnan Hospital, Sun Yat-Sen University

建筑实景

建筑实景

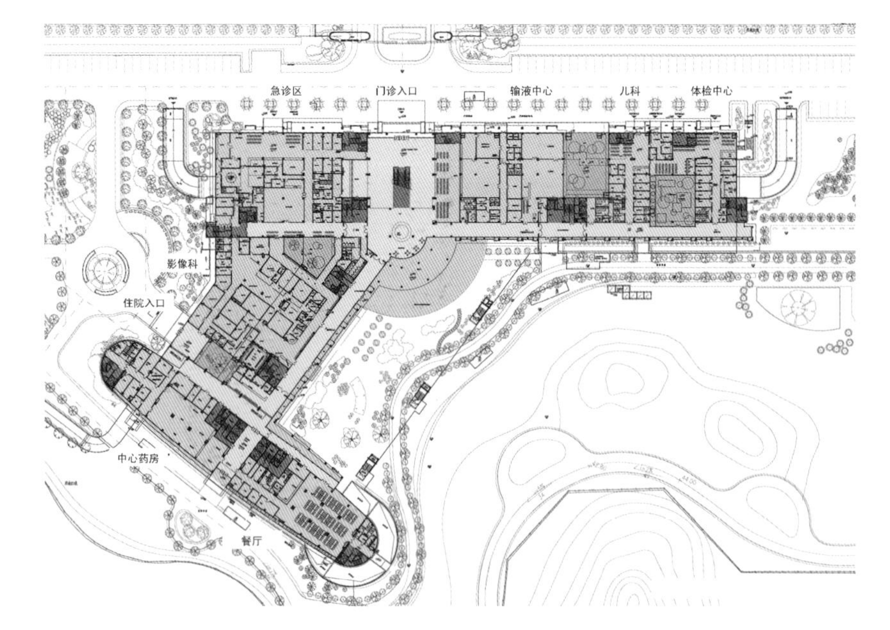

医疗综合楼首层平面

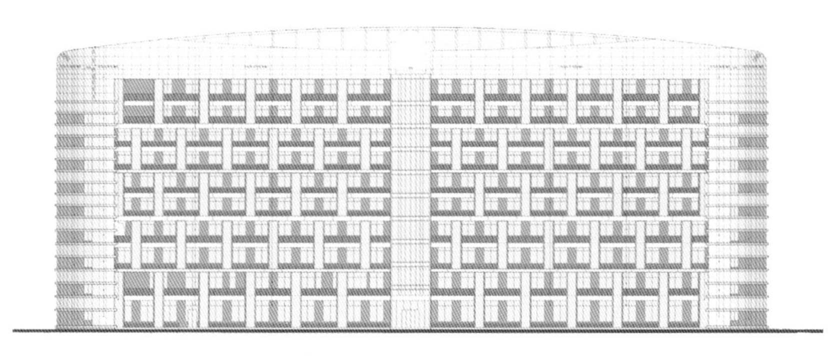

建筑立面

建筑实景

汶川县人民医院

2008年的汶川地震牵动着无数国人的心。

汶川县人民医院作为广东援建汶川的“十大民生工程”中单体规模最大、投资最多、工艺最复杂、施工最困难的项目，从设计到施工仅用了八个月的时间。设计人员冒着余震的危险多次深入灾区进行现场调研和驻场设计，克服了场地多次变更带来的困难以及抗震设计等诸多技术难题，在援建工作中谱写了一项新的“广东奇迹”。

该项目功能齐全，平面方正实用，没有取巧，更没有张扬，一切都是依据功能需要进行设计。立面造型融入了当地羌族传统建筑元素，用现代手法重新演绎，具有浓浓的地域文化特色。建筑在群山环绕之中，有些许悲壮，但更多的是自强不息的乐观主义精神。

医院建成后得到了卫生部的高度评价，并在中国医院协会年会上作为排位第一的援建医院案例获得大会表彰。

建筑实景

整体鸟瞰实景

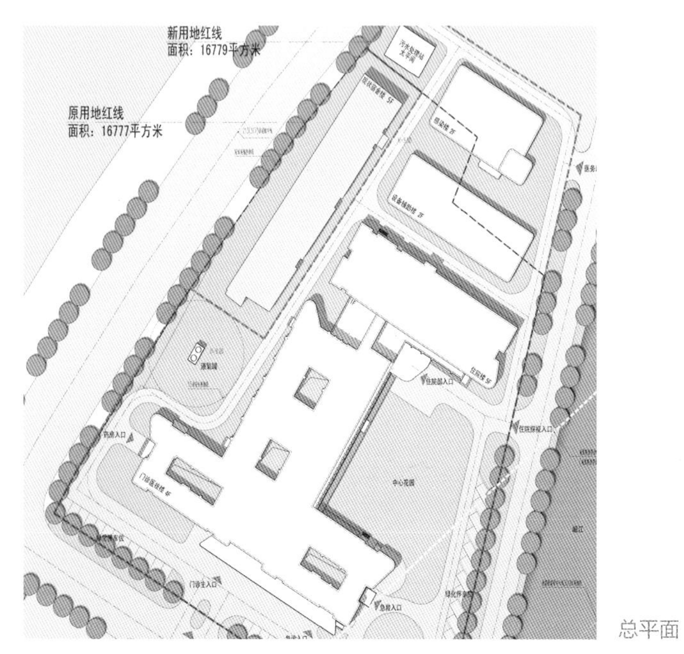

总平面

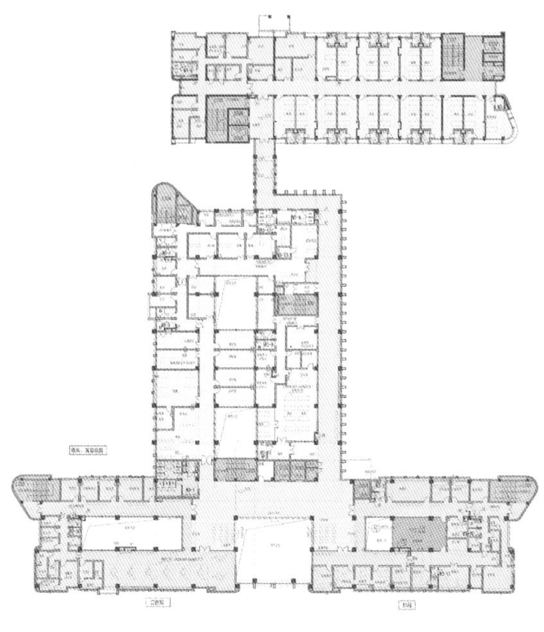

首层平面

门诊部实景

门诊部实景

立面细节特写

住院部实景

东立面实景

内部走廊实景

内部大堂实景

建筑实景

广州市第八人民医院（二期）

广州市第八人民医院新址位于广州市白云区嘉禾新广从公路集贤庄居住区以西，华南路嘉禾段服务区北侧，彭上村东侧约80米，地块北面靠彭上东路，西面是机场西路，南邻康卫路，东临康庄路。地块东面为大型住宅区，中间以防护绿地隔开，南面是广州市疾病控制中心，西面为旧村落。地块北面有地铁嘉禾望岗站，北面、东面共有3 个公交车站。

根据广州市第八人民医院整体规划，医院建设分两期进行：一期工程包括门诊楼、急诊楼、一期医技楼、呼吸道住院楼、后勤楼等，目前已建设完成交付使用。二期工程包括内、外科住院楼，以及行政综合楼、感染病住院楼、医技楼。

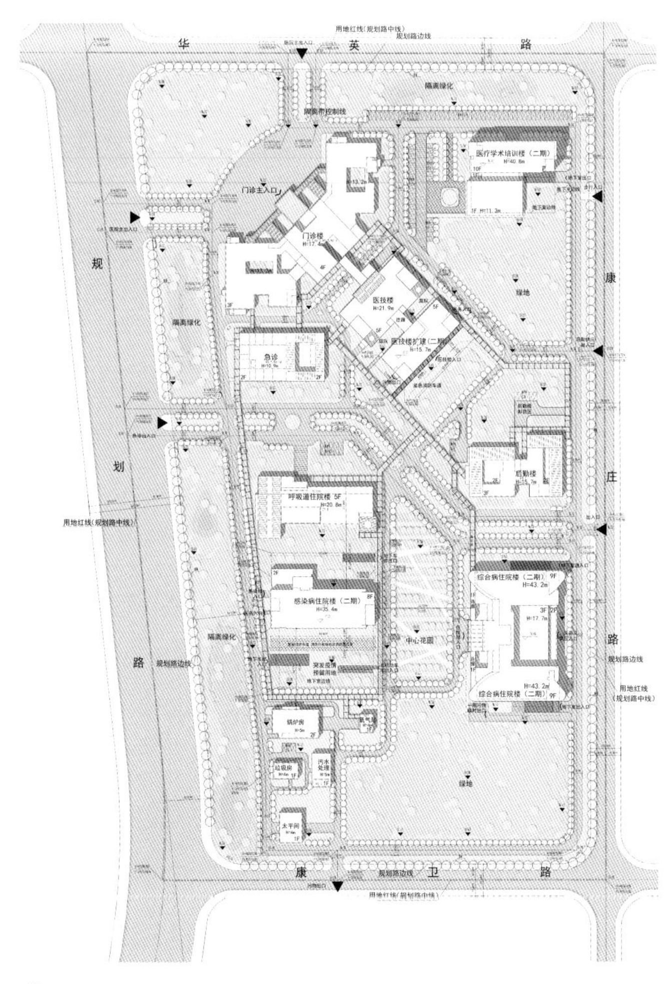

总平面

建筑实景

建筑立面细部

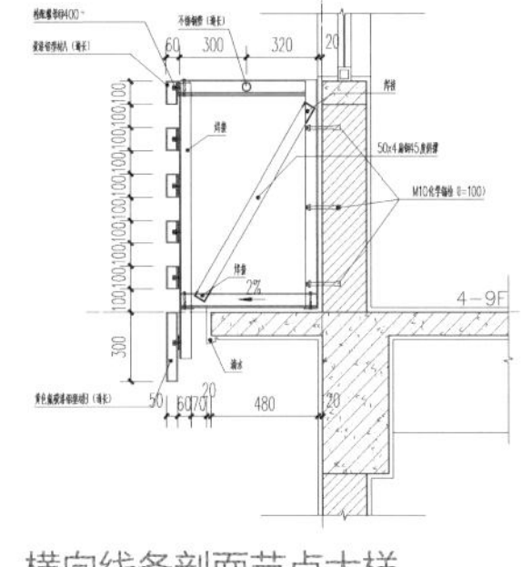
横向线条剖面节点大样

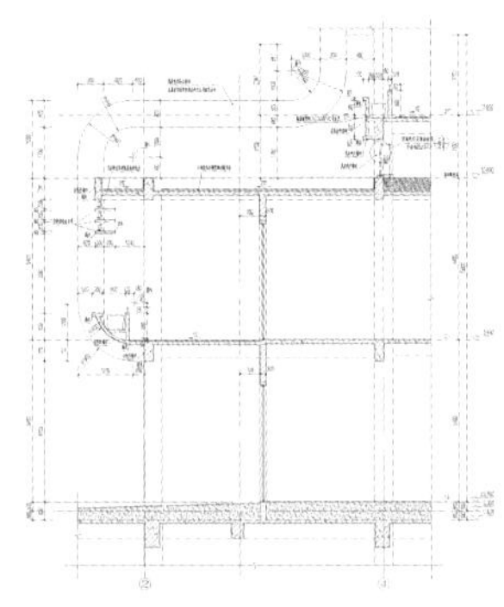
竖向线条剖面节点大样

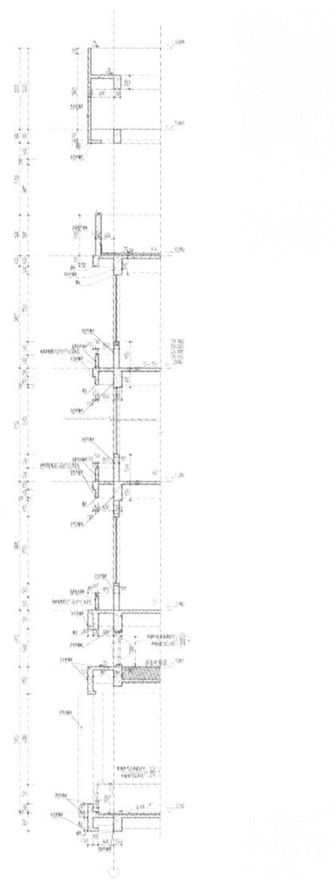
建筑立面细部

弧线节点大样

建筑立面细部

建筑立面细部

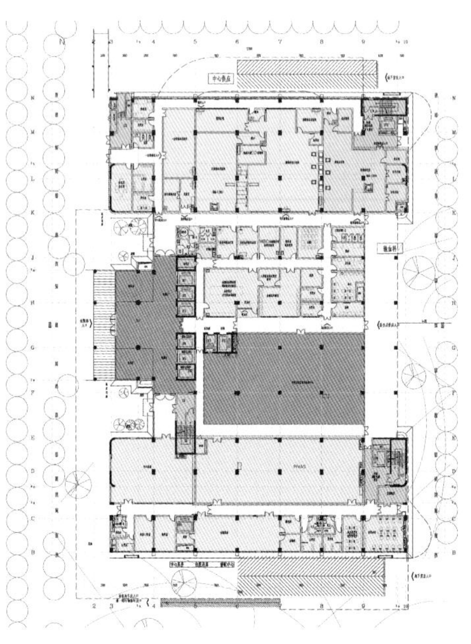
住院楼实景

全院建筑外观形态统一，新建筑呼应一期建筑的明快色彩，外观采用清晰的水平线条，入口处局部辅以竖向线条强化形象。

建筑转角采用弧线，营造柔美的外观形象。

建筑立面细部

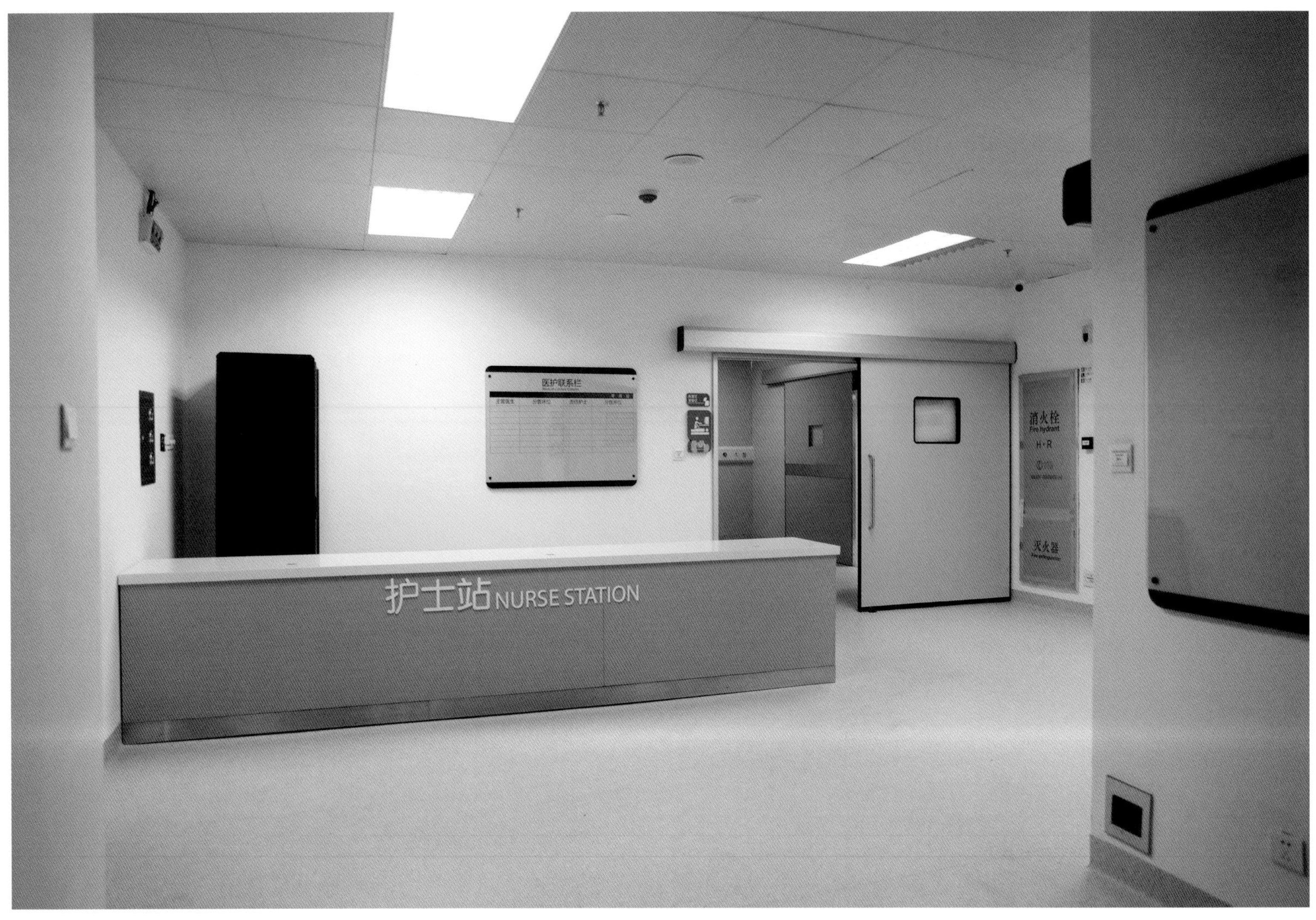

护士站实景

候诊区实景

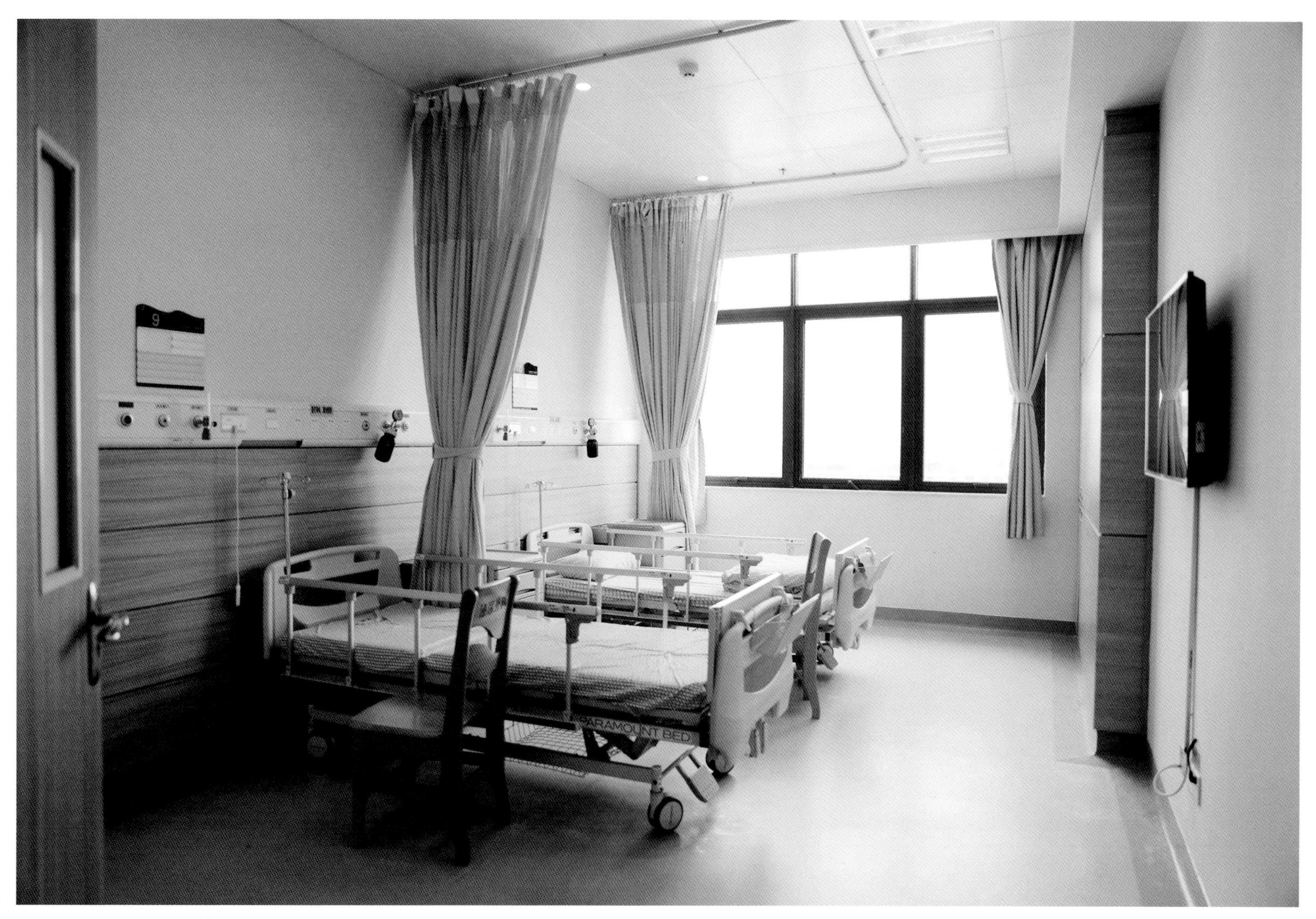

病房实景

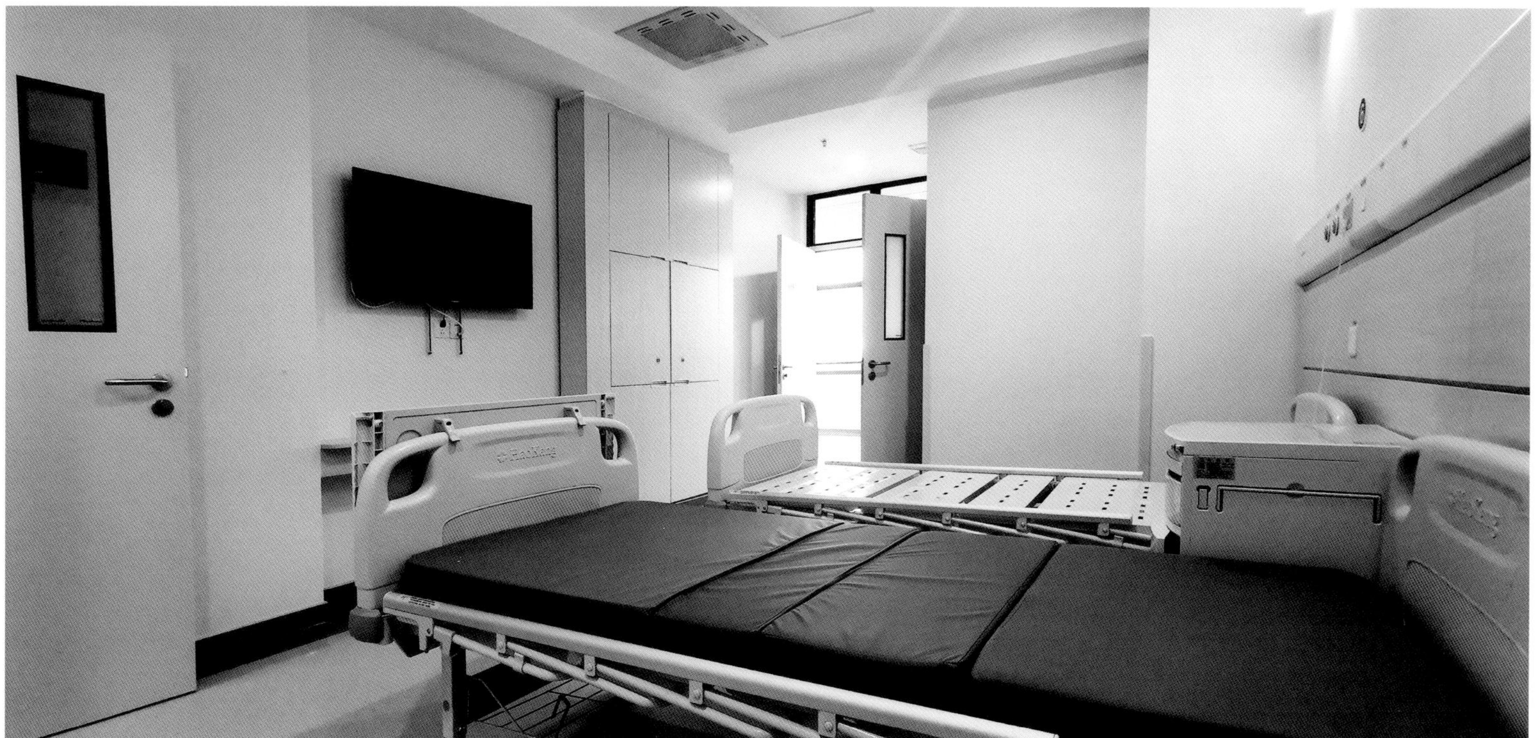
病房实景

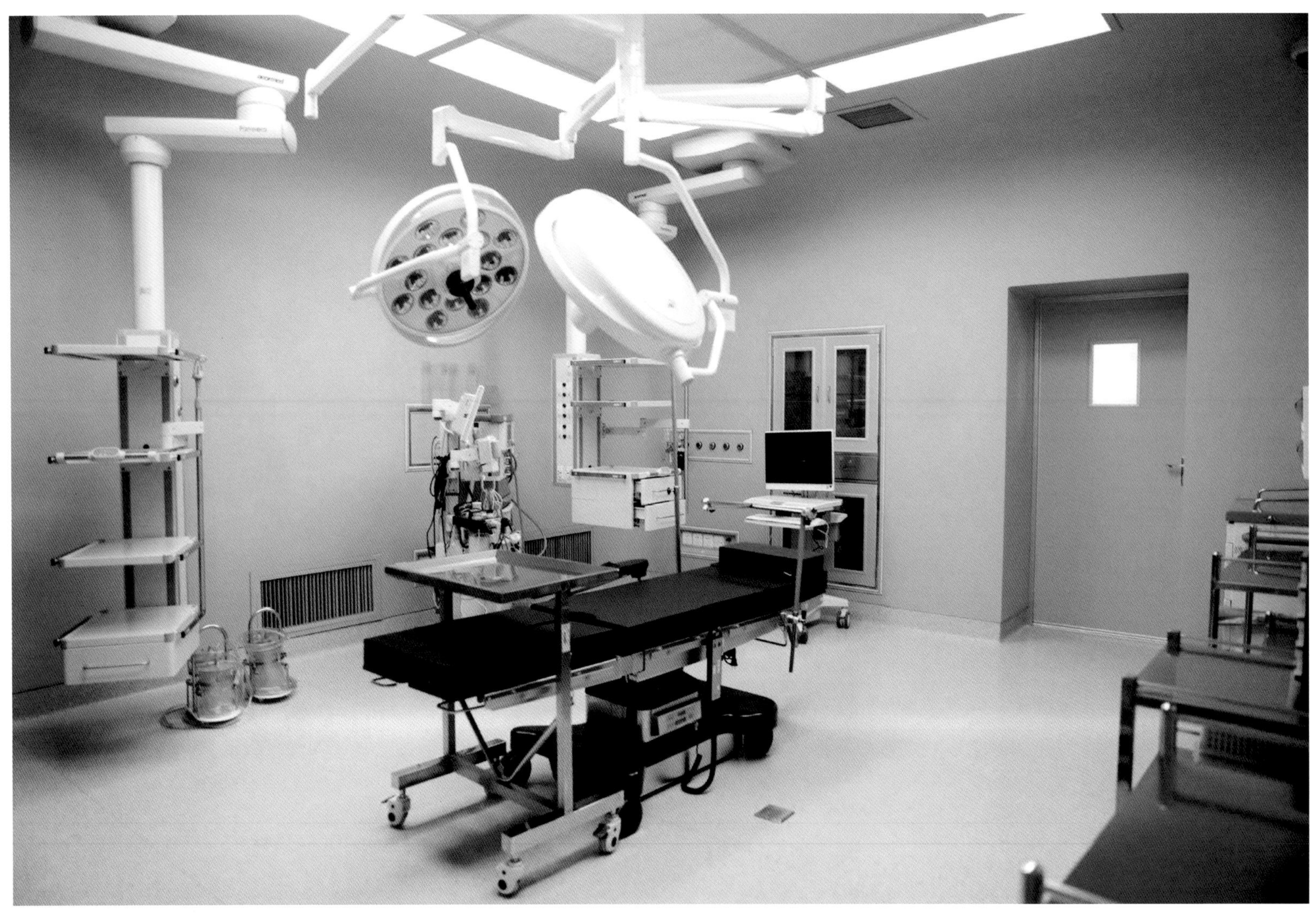

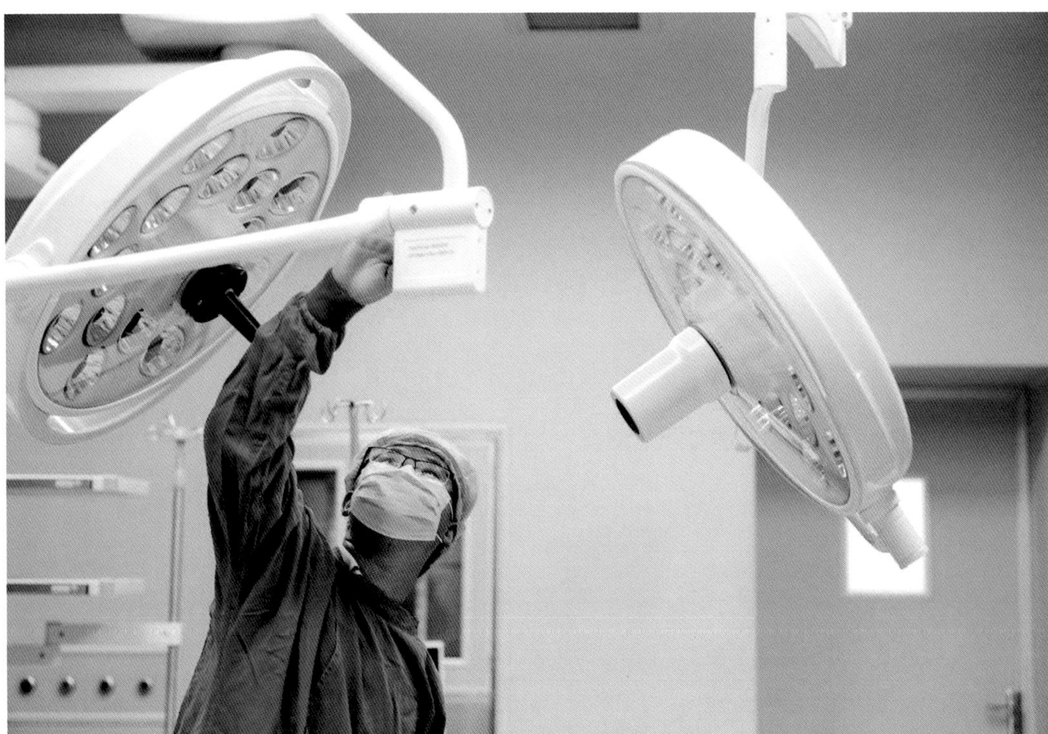

手术室实景

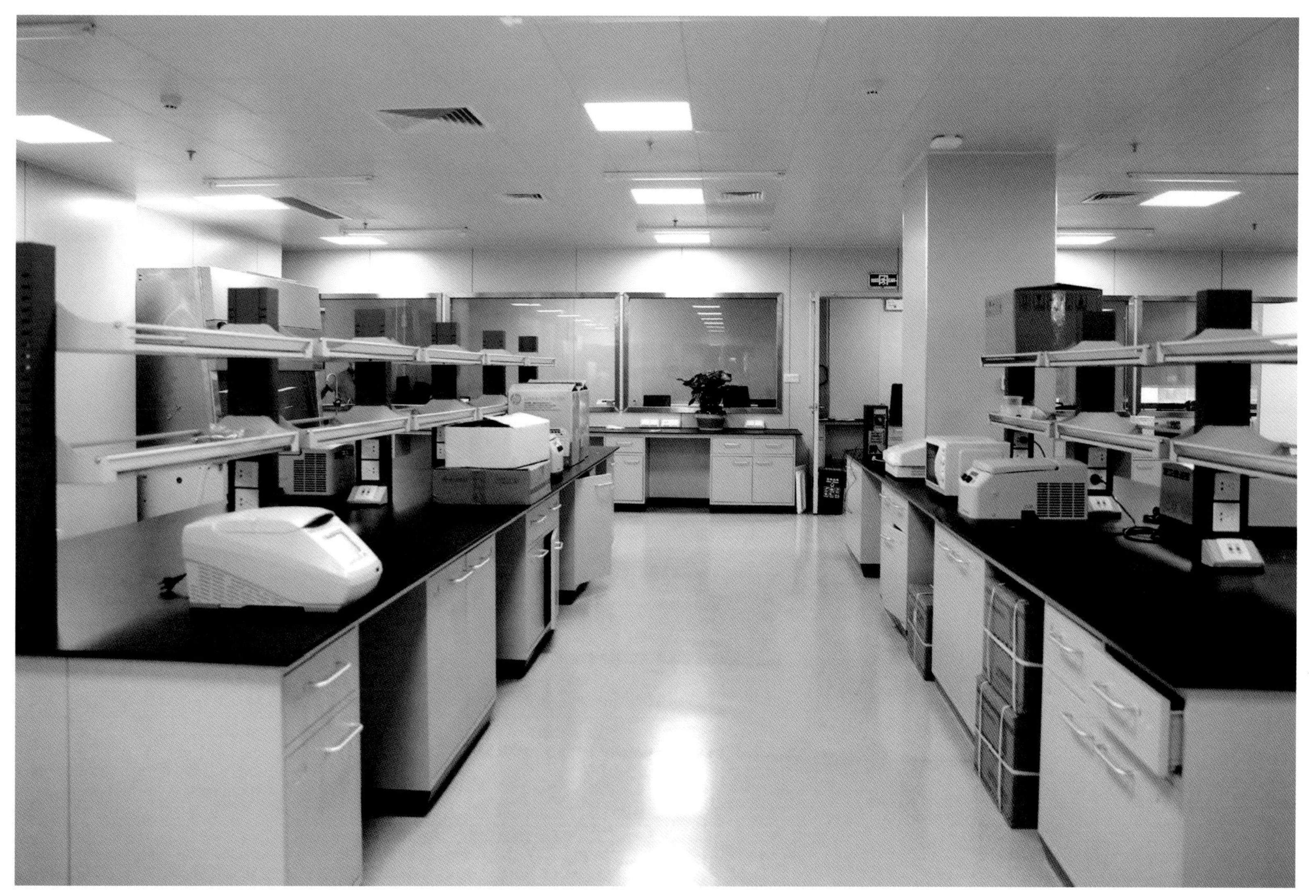

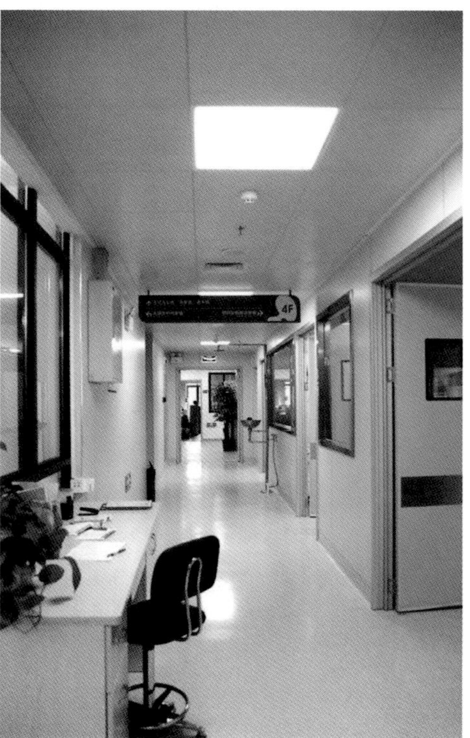

实验室实景

会议室实景

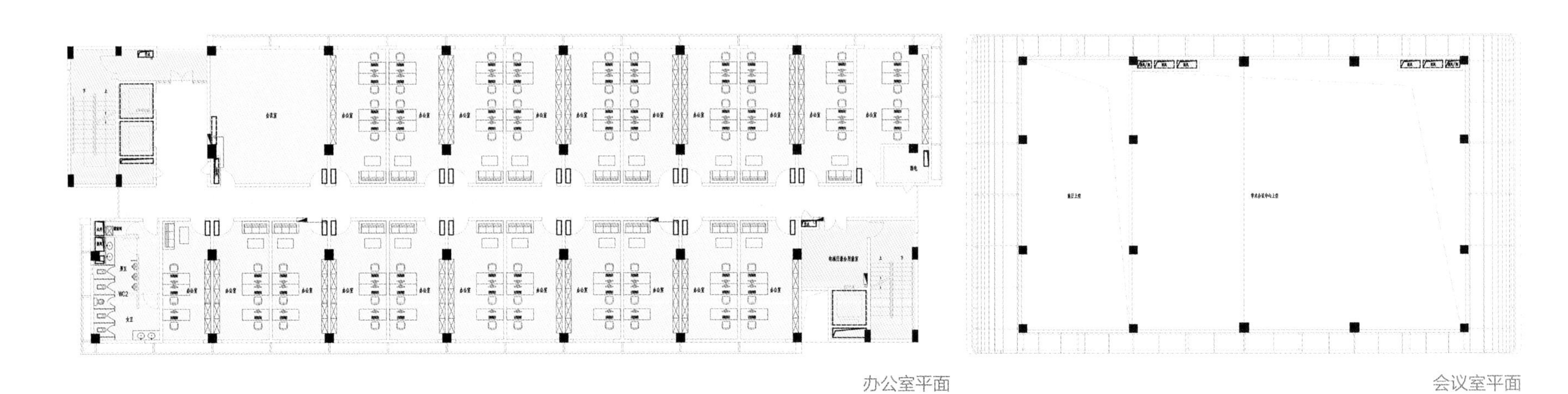

办公室平面

会议室平面

报告厅实景

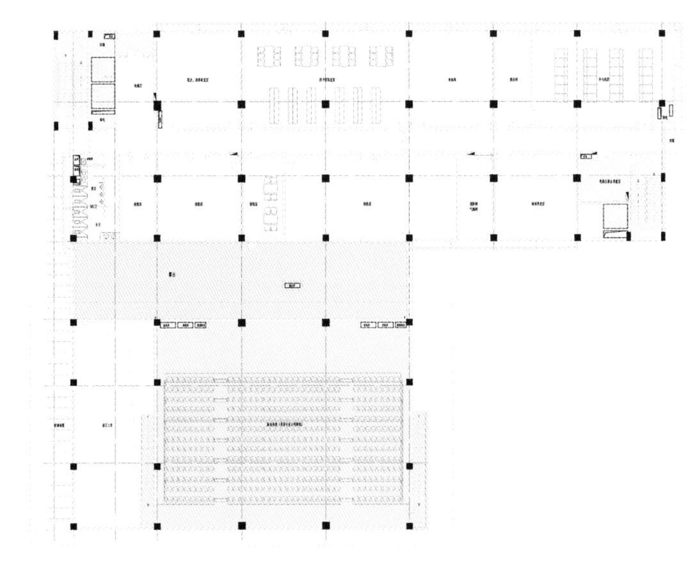

报告厅平面

报告厅实景

汶川县羌医骨伤科医院

汶川县羌医骨伤科医院（威州镇卫生院）选址位于汶川县原特教中心地块，用地面积5248平方米，总建筑面积3058平方米，项目功能为乡镇卫生院和羌医骨伤科医院，设计床位数为40床，日门诊量50人，是广东省援建项目之一。

该医院是一项旧改项目，4层住院楼是在旧存建筑的基础上通过翻新改造而成，两层门诊楼为新建部分，通过连廊与住院楼相连。立面采用垂直线条与水平线条相结合的形式，垂直线条吸取羌族传统碉楼造型，当地石材贴面，挺拔高耸，使之成为视角焦点，突出医院主入口位置。水平部分沿碉楼两侧展开，舒展且有层次变化。檐口、窗花、墙身作适度处理，使之蕴含羌族传统建筑文化之韵味。整体风格统一，浑然一体。

该乡镇卫生院作为基层一级医院，肩负着汶川县威州镇及周边乡村的基层医疗卫生保健责任。同时该医院作为具有羌族特色的医院，以羌药为主，特别是以羌医骨伤科为主，承担着汶、理、茂、松、黑及其他州县和省内外相关骨伤科病人的诊治。

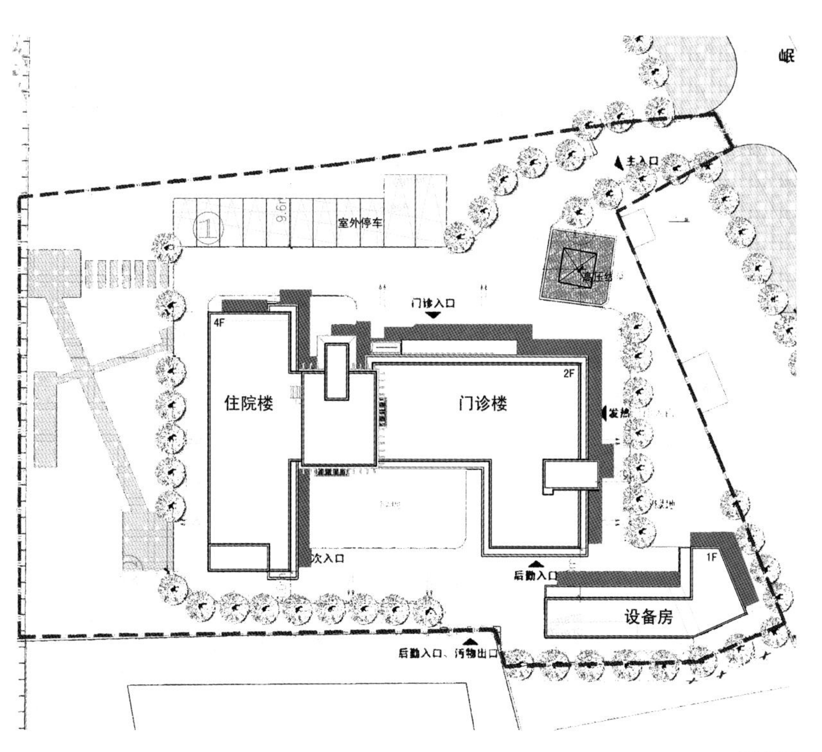

总平面

建筑实景

医院正门实景

医院正门特写

医院内部实景

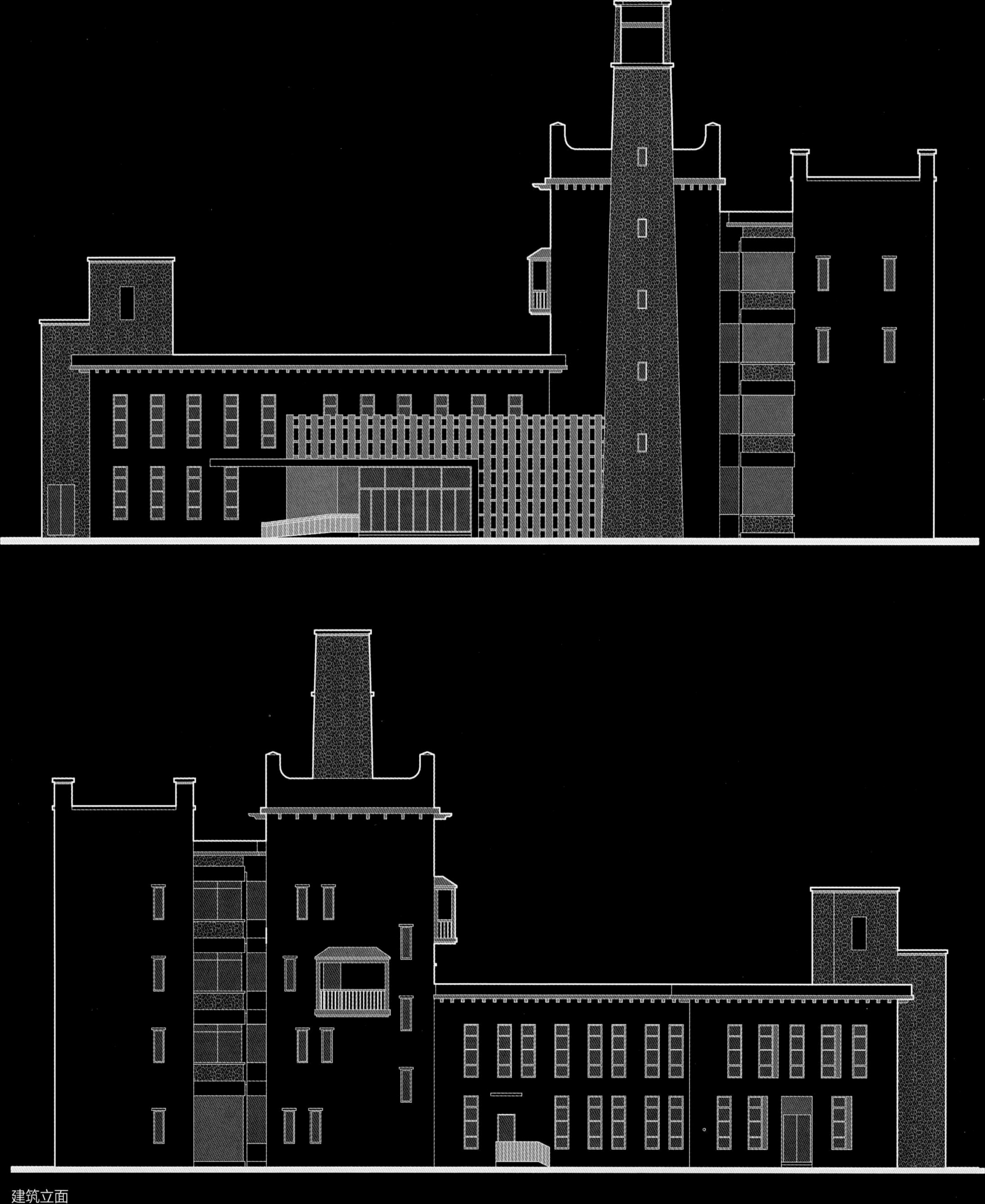
建筑立面

建筑实景

仲恺农业工程学院新校区（一期）

建筑实景

新校区选址位于广州市白云区钟落潭镇东部，占地面积约1881588平方米。场址北侧为广从公路，并与广东省农科院科技示范基地隔路相望，东侧为广新公路；距离广州市区约25公里，与新白云机场的直线距离仅10公里，和京珠高速公路仅隔1公里，交通便利，区位条件优越。选址充分考虑了农业技术学院的办学特点，选择了生态景观丰富、绿色视野开阔且兼具山林水系的地带，并靠近农业科研机构，有利于学生实习和专业交流。项目的征地和建设均获得了当地政府及群众的大力支持。

仲恺农业技术学院是一所以伟大的爱国主义者廖仲恺先生名字命名，服务于区域经济和现代农业，以现代农业技术为特色的多科性省属本科纪念大学。现有26个专业，涵盖了理、工、农、经、管、文六大学科门类；设有12个系、处教学单位和8个科学研究中心或研究所。学院现有在校生7500人，普通本科生6100人，专任教师241人。目前，学院是广东省培养高级农业技术、信息技术、工程技术、管理人才的摇篮和培训农业科技、管理人才的重要基地。

建筑实景

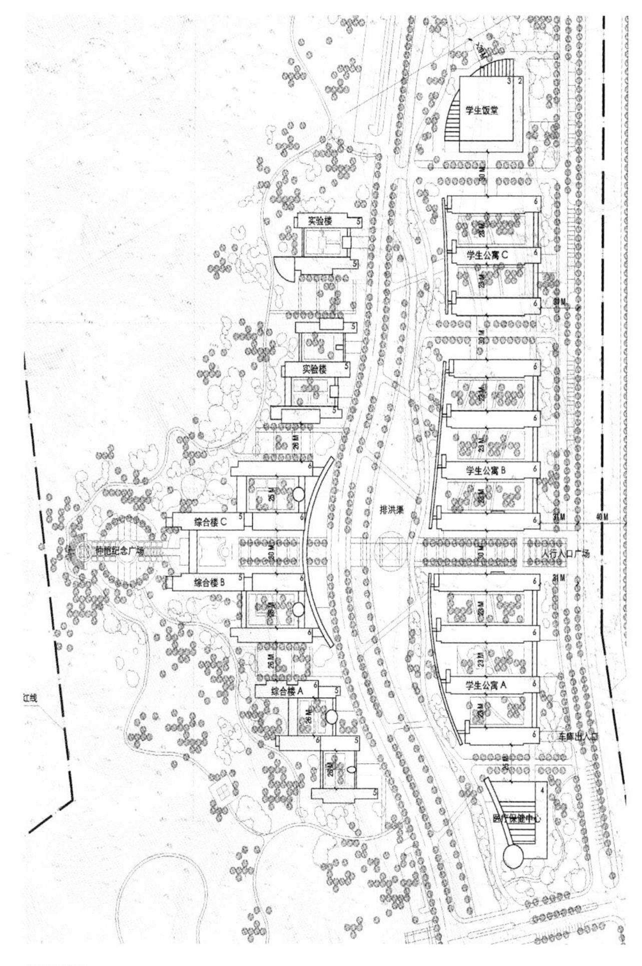

总平面

综合楼实景

综合楼实景

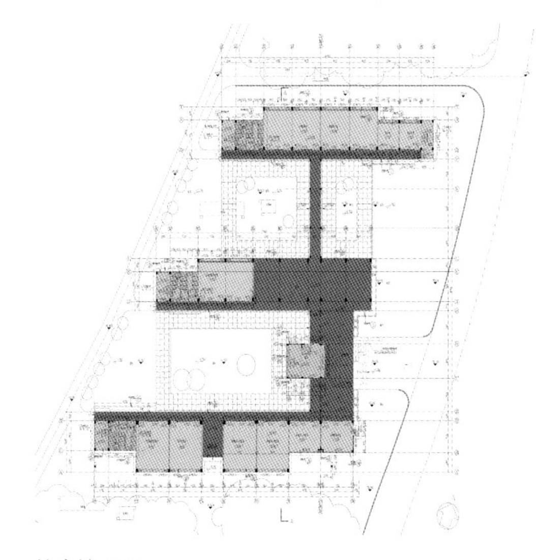

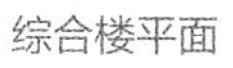

综合楼平面

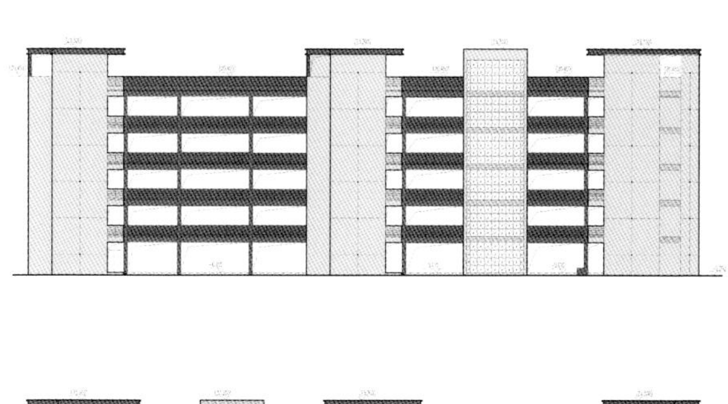

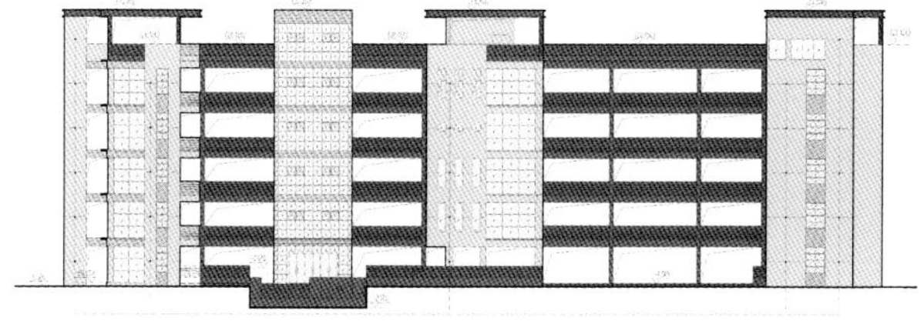

综合楼立面

曾憲

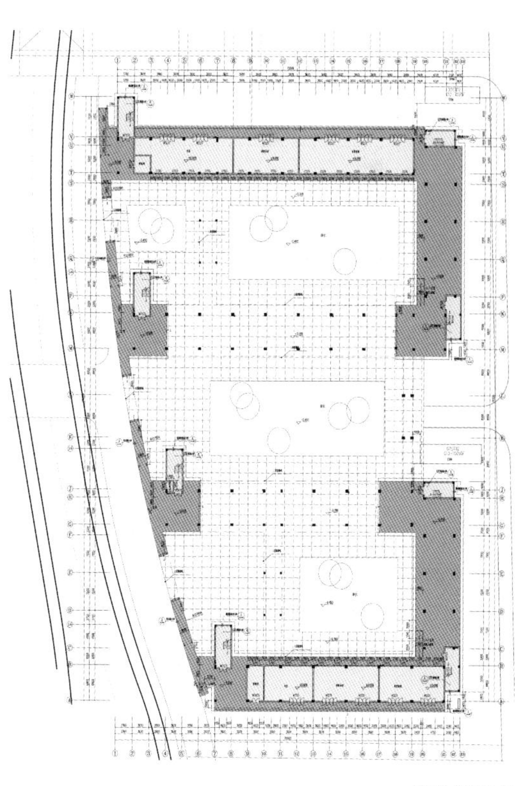

宿舍楼平面

建筑实景

校园是我家，防疫在我心

建筑外景

建筑外景

广州珠江新城 E 区中学

建筑实景

该项目位于广州珠江新城核心区中轴线西侧，总用地面积44755平方米，总建筑面积38528平方米，是广州市重点工程。

项目旨在打造一所具有现代、典雅、生态特质的殿堂级示范性高级中学，规模为60个班。结合学校用地被30米宽的城市道路分割为东西两部分的实际情况，规划布置为东西两区，东区具有教学、行政、学术和体育运动等功能，西区为学生生活区和教学辅助区；东西两区以12米宽的过街隧道相连，解决学生穿行的安全问题。

设计充分考虑南方湿热多雨的气候特点，分散布局，用连廊相连，首层架空，有效地组织校区内的通风，营造良好的校区微气候环境，同时也为学生创造了室外交流、学习、运动的宜人环境。

建筑风格现代，与周围环境高度融合。校园色彩明亮，在绿植的映衬下富有朝气。

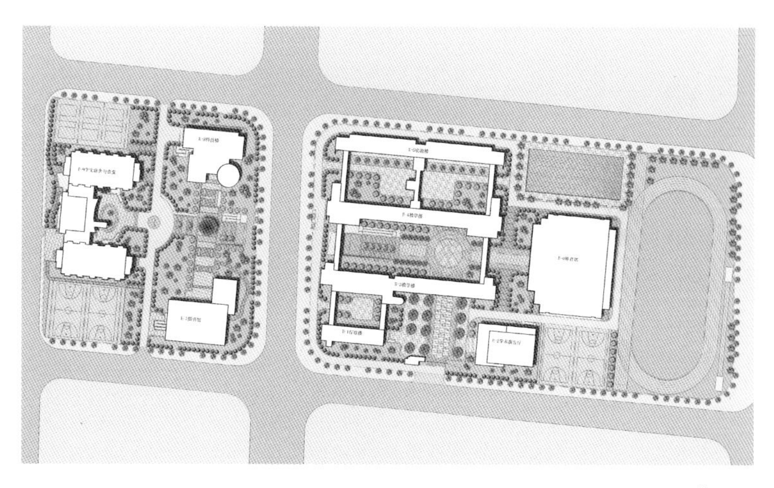
总平面

东校区鸟瞰

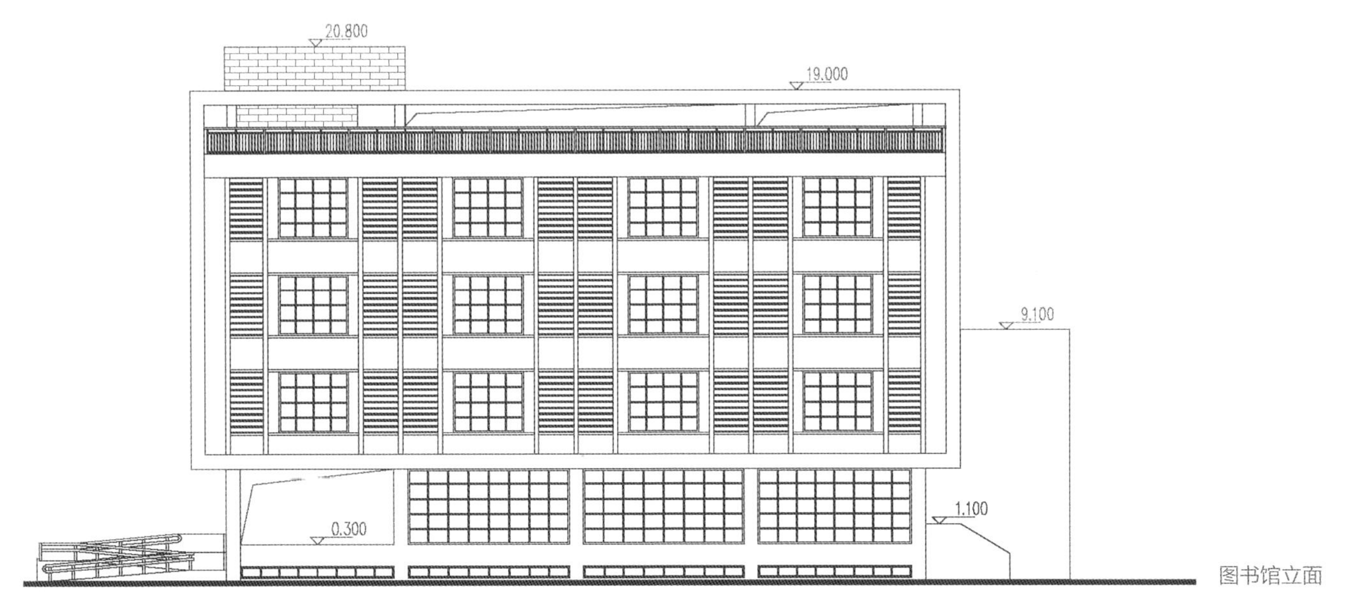

图书馆立面

西校区鸟瞰

图书馆立面

行政楼实景

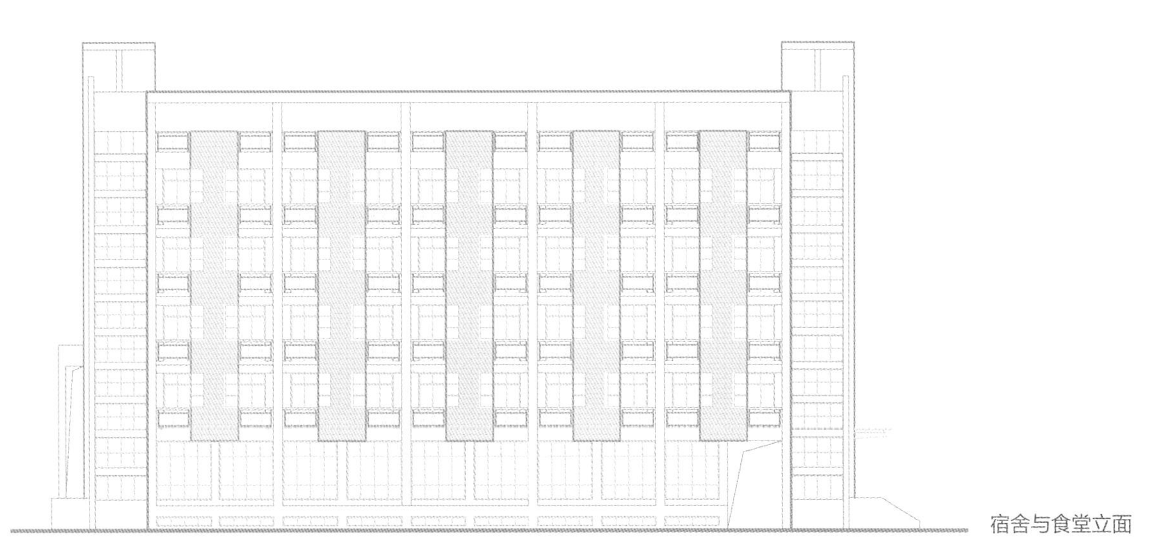

宿舍与食堂立面

校园楼梯实景

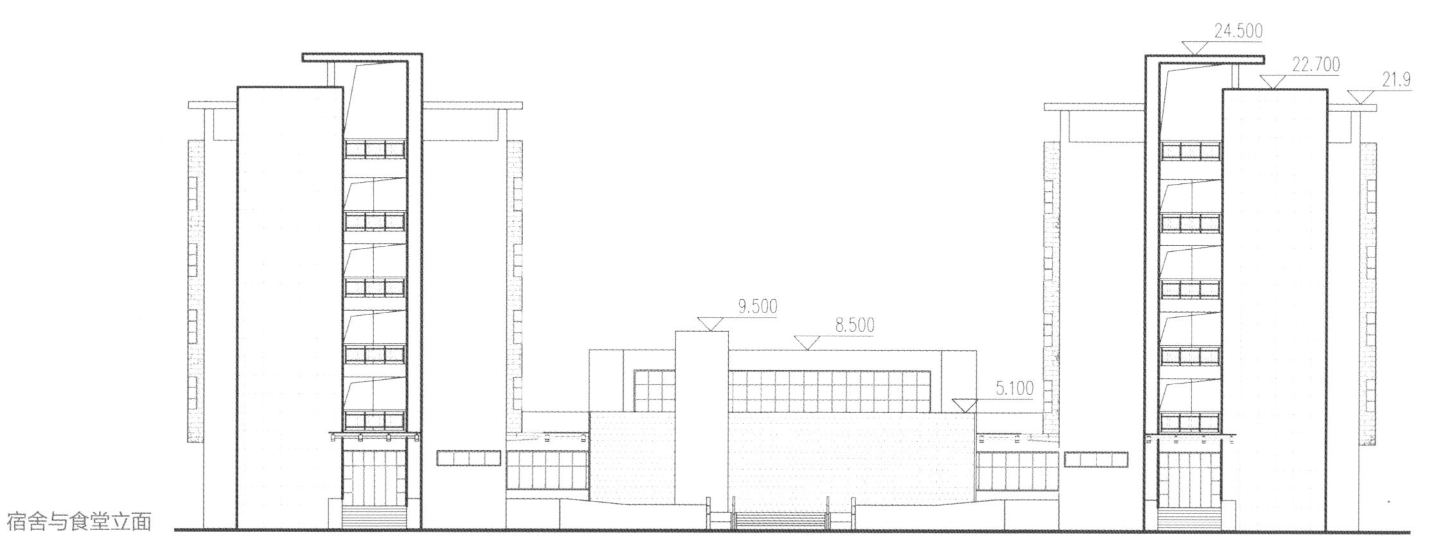

宿舍与食堂立面

校园楼梯实景

广州市第一幼儿园文体综合楼

建筑实景

文体综合楼位于广州市第一幼儿园园区内，总建筑面积6239平方米，建筑高度24米；地上5层，地下1层，为一栋集图书阅览、会议及体育活动等为一体的综合楼。

本项目位于园区南部主入口处的狭长用地上，本次设计理念是：尊重场地原有自发而成的场地序列，完善修补原有城市道路与园区之间的界面，再造一个具有连续边界以及围合感的场所。

本项目的设计构思以堆叠的盒子为主题，把不同楼层划分为独立的体量，并让每层沿逆时针方向进行约5°的旋转，由此形成几个不同形状的“盒子”堆叠起来的有趣造型效果，增强了建筑的童趣，呼应了幼儿建筑主题。

由于项目用地狭小，为了缓和新建综合楼与东边住宅楼之间的紧张关系，建筑设计采用了梯田状的退台造型，通过对自然景观的模仿为孩子营造有趣的屋顶花园。

构思手稿

入口门架

由于项目位于幼儿园区的主入口位置，为了在狭小的用地中留出一个入口集散广场，塑造入口空间，本建筑设计出了一个约6米高、18米长的大跨度架空层，该架空层形成的灰空间为家长等候接送孩子提供了理想的场所；并为园区入口处留出了一个开阔的入口广场。

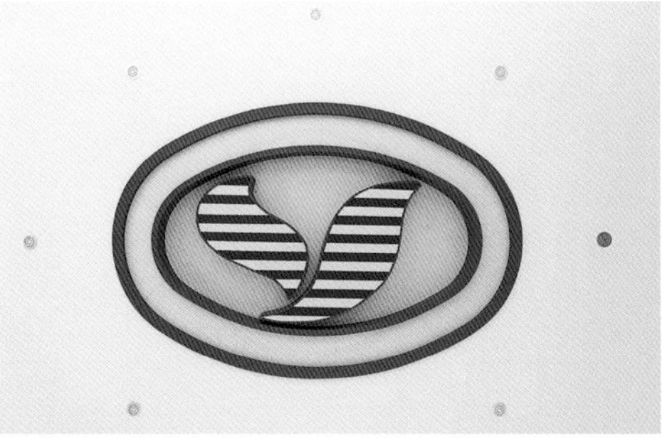

入口细节特写

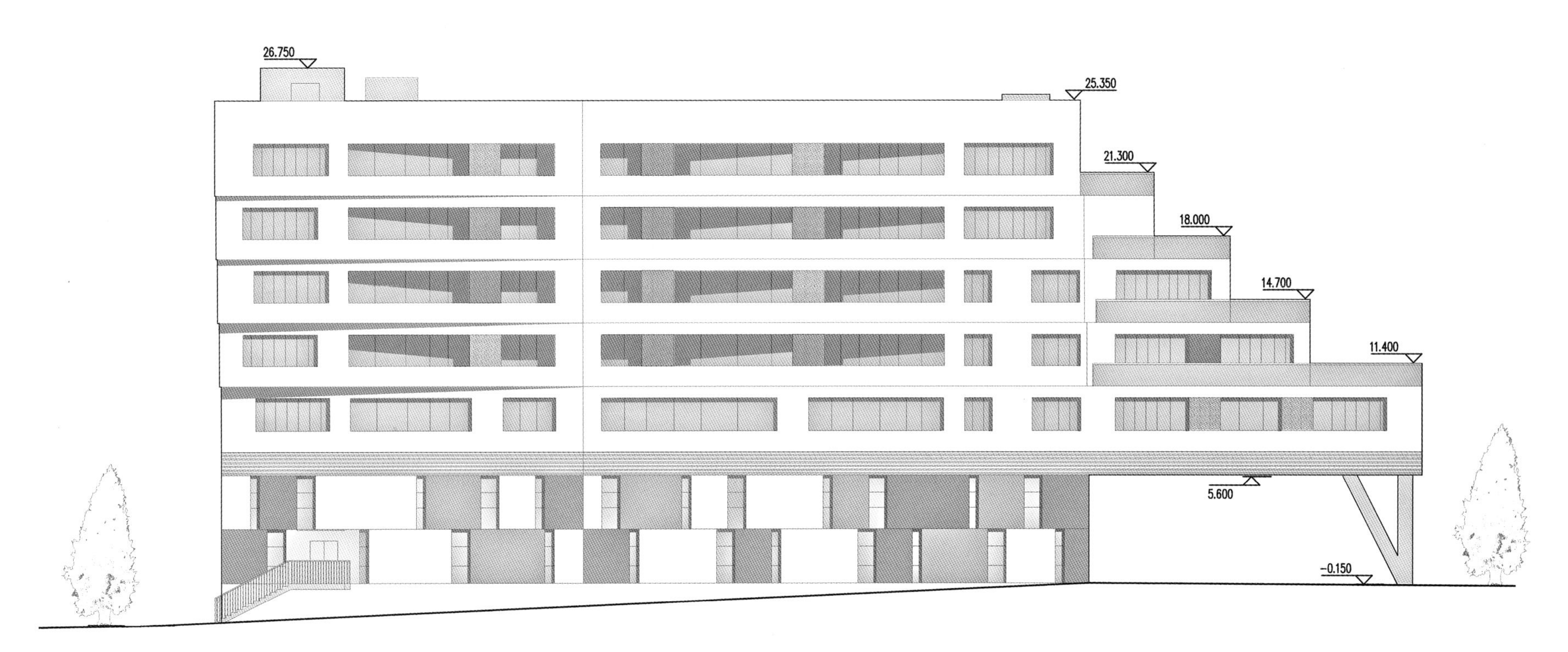
26.750
25.350
21.300
18.000
14.700
11.400
5.600
−0.150

26.750
25.350
21.300
18.000
14.700
11.400
5.600
−0.150

建筑立面

造型特色

为了实现建筑立面每层体量层层叠加的有趣造型效果，楼板采用了上下错位以及局部采用双层板的做法，通过这些对建筑细部的处理手法，形成了上下两层在同一水平线上交接的清晰体量关系，营造了丰富、多层次的立面效果。

采用不同颜色的穿孔板围蔽起的空调机位，镶嵌在建筑阳台的凹槽内，形成了一个个色彩绚丽的金属盒子，并结合底层颜色丰富多彩的陶瓷锦砖，构成一个空间形态及颜色丰富多样并富有想象力的大型“积木”，成为该地区的地标性建筑。

立面细节特写

立面细节特写

内部实景

立面细节特写

广州天河体育中心全民健身综合场

建筑实景

建筑鸟瞰

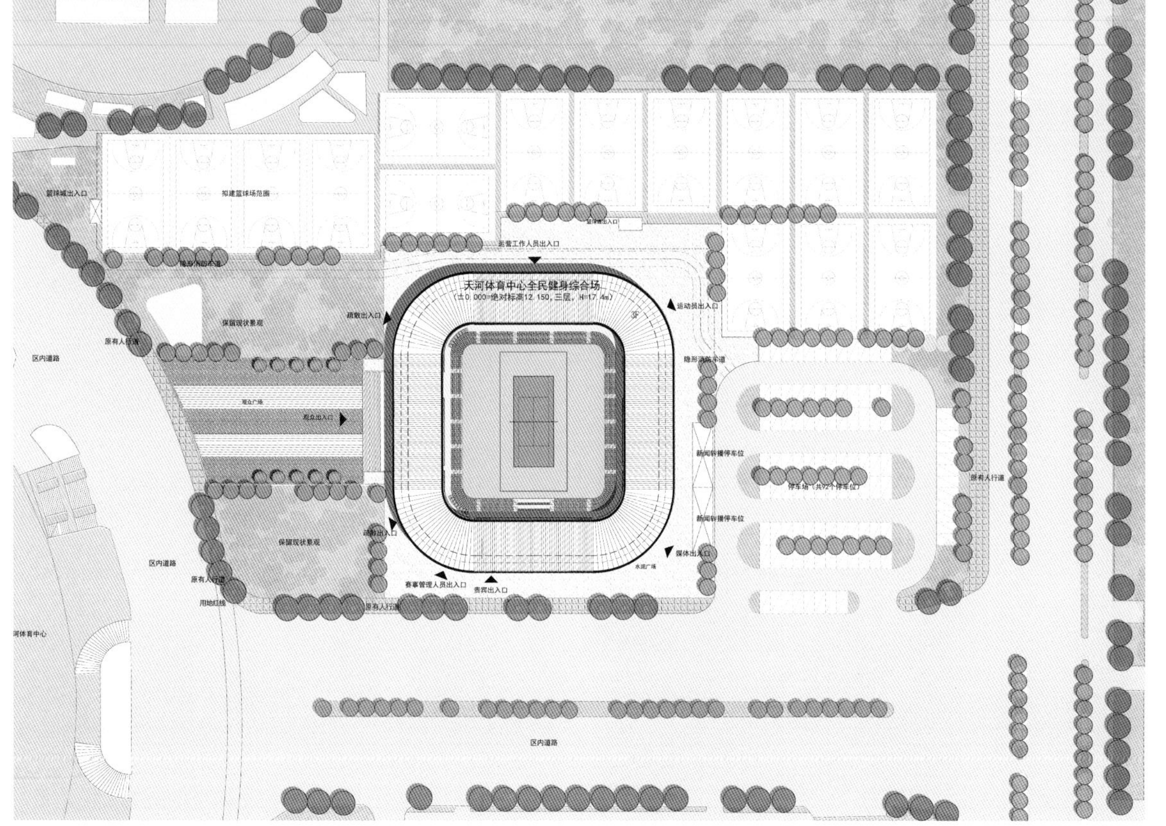

总平面

项目所在地天河体育中心位于广州城市新中轴线中央区域，区位条件优越，在以天河体育中心为中心的10分钟车行距离内；有以城市绿肺闻名的白云山，辐射全市范围经济发展的珠江新城，以及江水环抱、坐拥广东美术馆与星海音乐厅的二沙岛；北面是位列“新 羊城八景”之一的中信广场天河飘绢；南面延轴线可至广州塔，以及海心沙公园和隔江相望的琶洲国际会展中心。

项目所在的天河体育中心地区与以上关键节点各相呼应，力求进一步推进广州成为经济金融、文化交流、旅游休闲、体育竞技全方位综合发展的国际化大都市。

全民健身综合场位于天河体育中心体育场偏东北区域，总建筑面积为7315.7平方米，地下局部1层，地上3层。地下层面积为1328.2平方米；地上面积为5951.7平方米；比赛场地面积为3077.4平方米，建筑高度为17.376米。

建筑鸟瞰

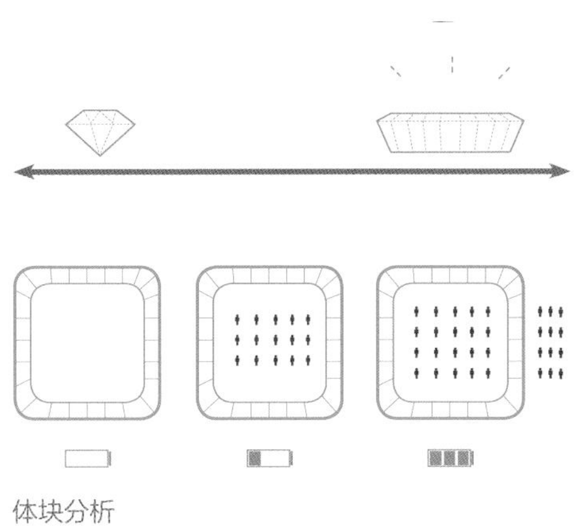
体块分析

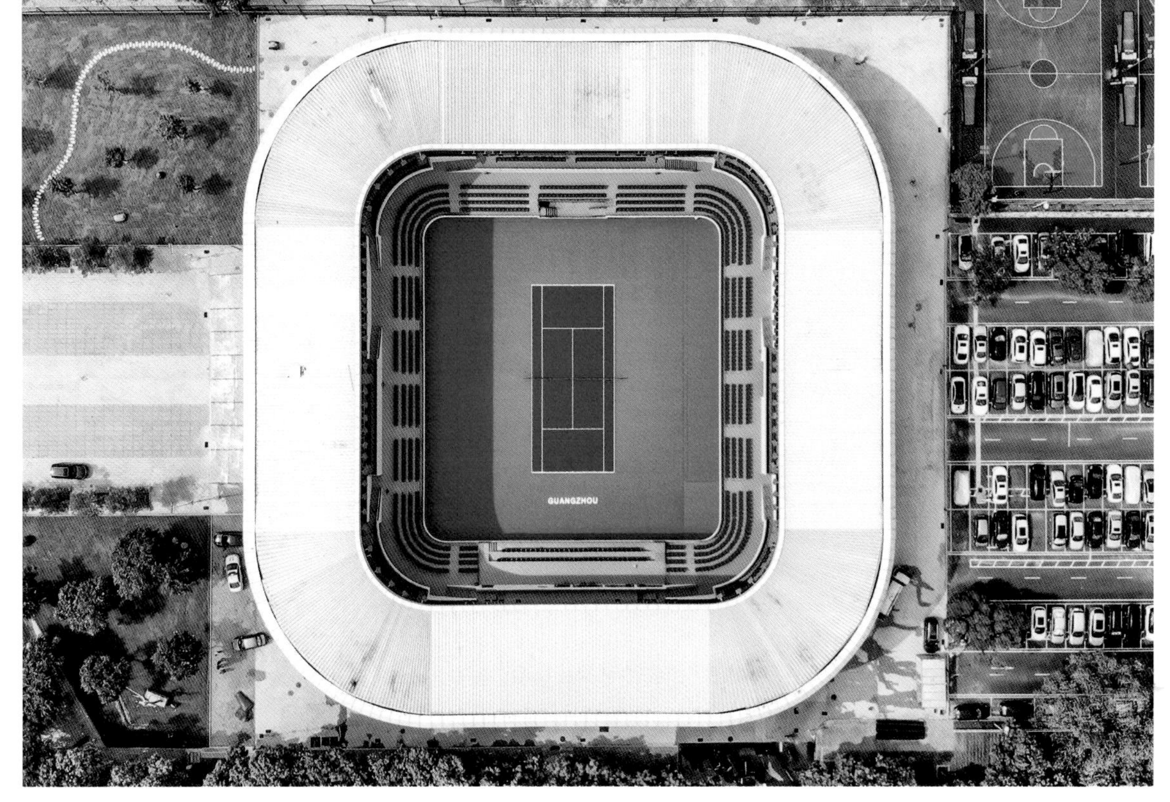

建筑鸟瞰

建筑外景

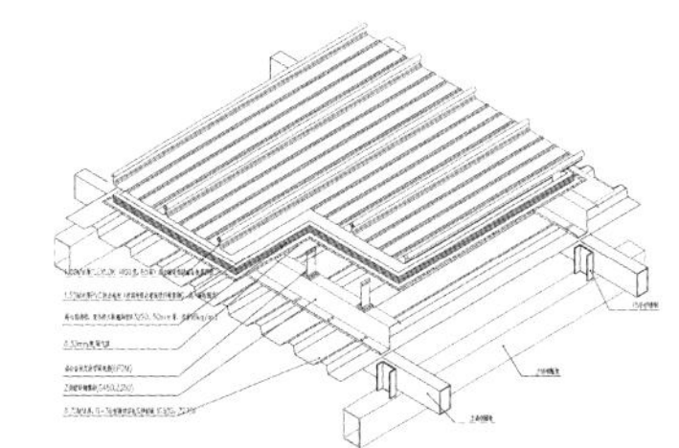

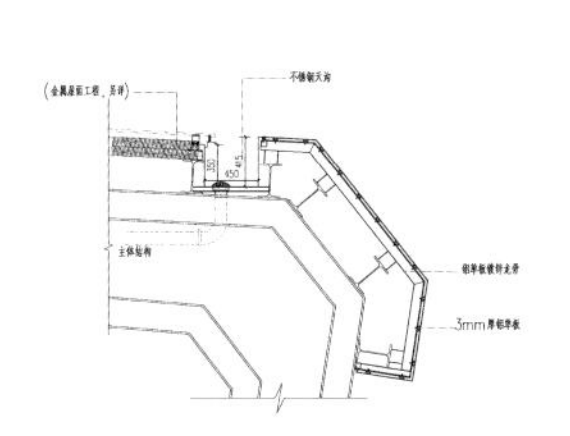

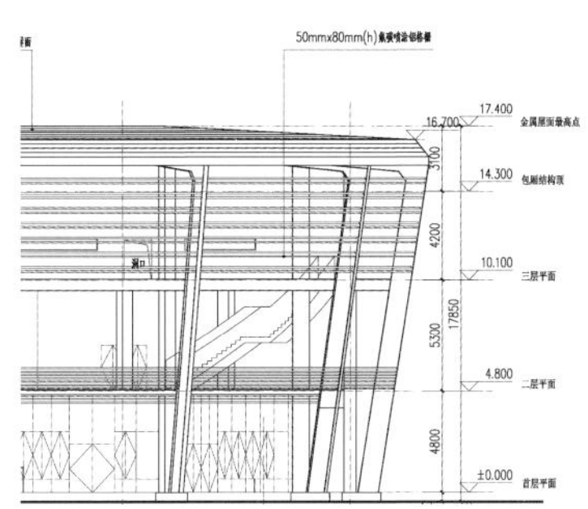
50mmx80mm(h)
17.400
金属屋面最高点
16.700
3100
14.300
包厢结构顶
4200
洞口
10.100
三层平面
5300
17850
4.800
二层平面
4800
±0.000
首层平面

结构大样

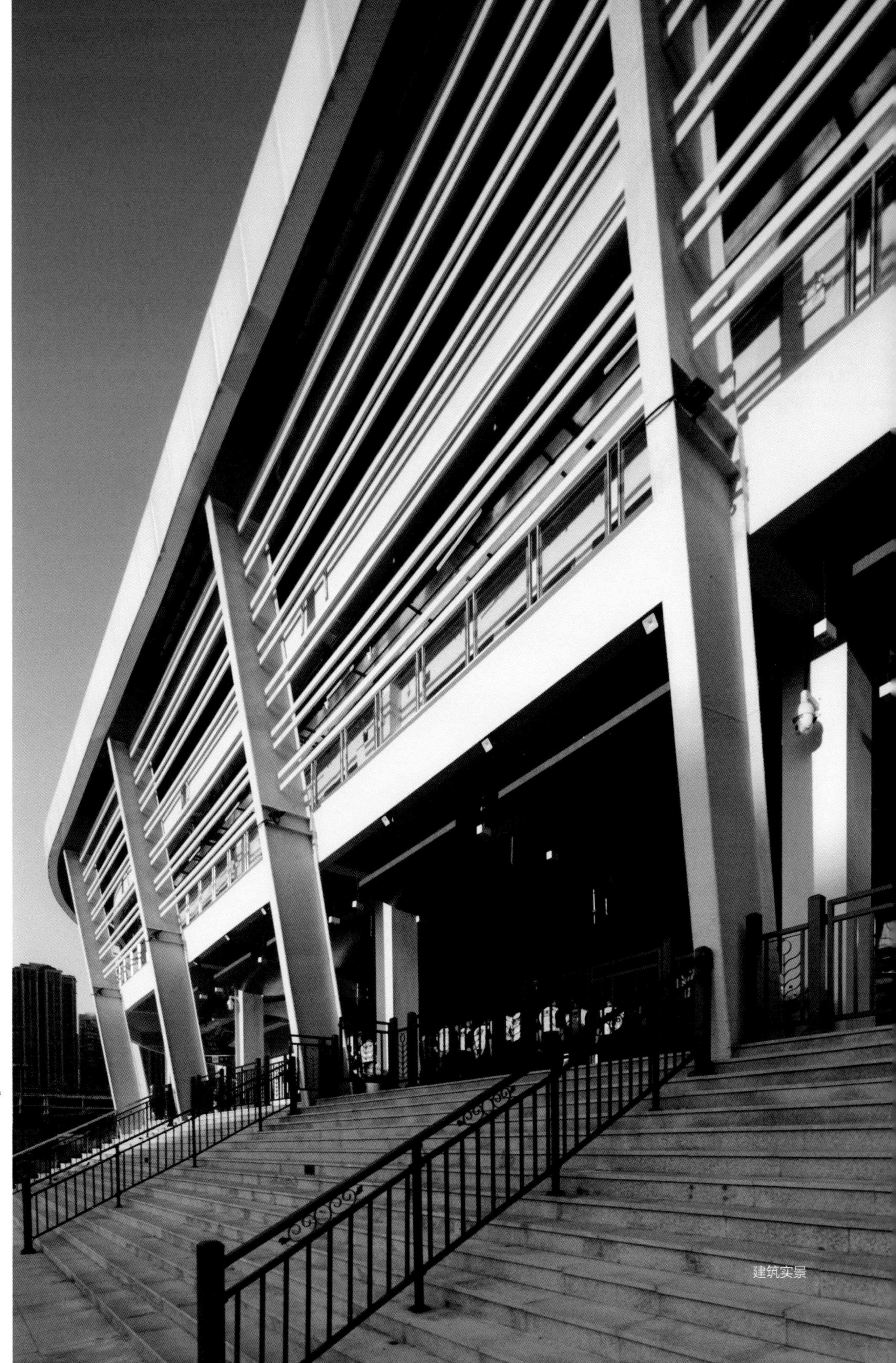

建筑实景

建筑实景

球场实景

云浮市体育场

建筑实景

项目位于广东省云浮市云浮新区西江新城广盛路北侧，地处北回归线以南的亚热带地区，属南亚热带季风气候；气候温暖，日照充足，雨量充沛，夏热冬暖。地块内地势平坦，北临西江，西面、南面、东面三面环山，自然环境优越。

云浮市体育场占地面积99687.45平方米，总建筑面积21133平方米（均为地上）。工程由一栋主体体育场组成（地上2层，局部4层），建筑总高度32.95米。

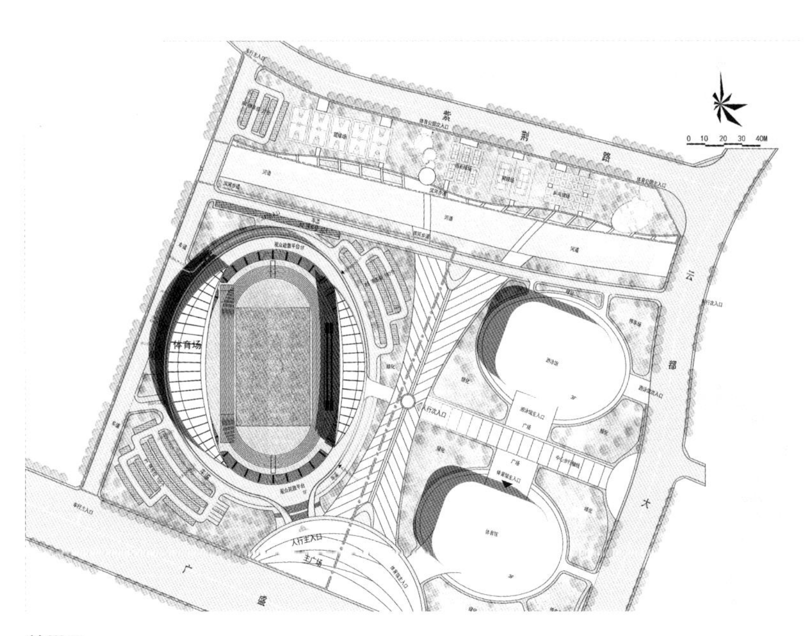

总平面

建筑鸟瞰

建筑实景

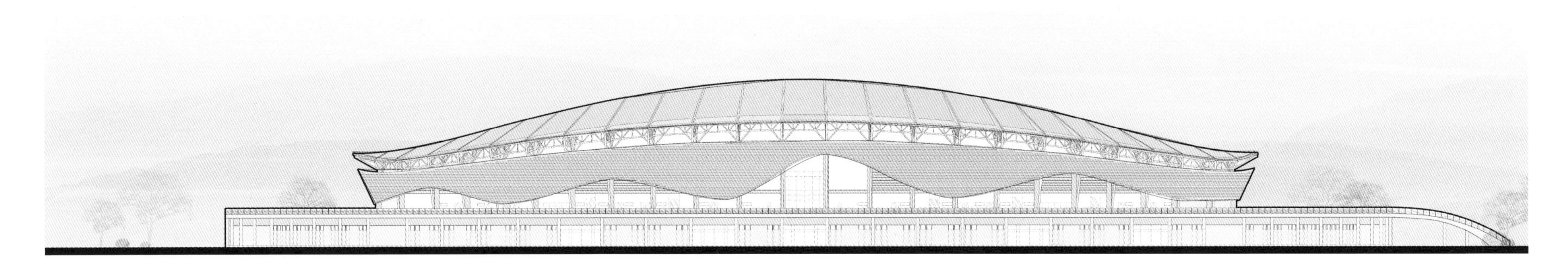

建筑立面

看台部分结构形式为钢筋混凝土框架，屋盖部分采用钢桁架结构体系。作为直接体现建筑造型之美的体育场看台屋盖钢结构顶棚，悬挑最大跨度为27.1米，属于大跨度空间结构。整个体育场屋盖钢结构的外轮廓呈流线形；整体结构造型轻巧美观，完美诠释了建筑造型的要求。

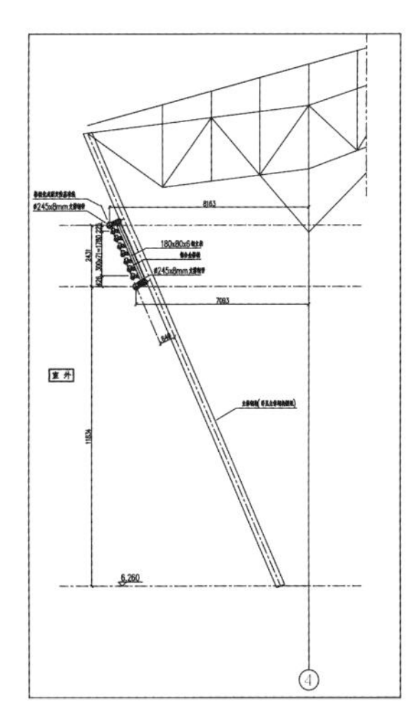

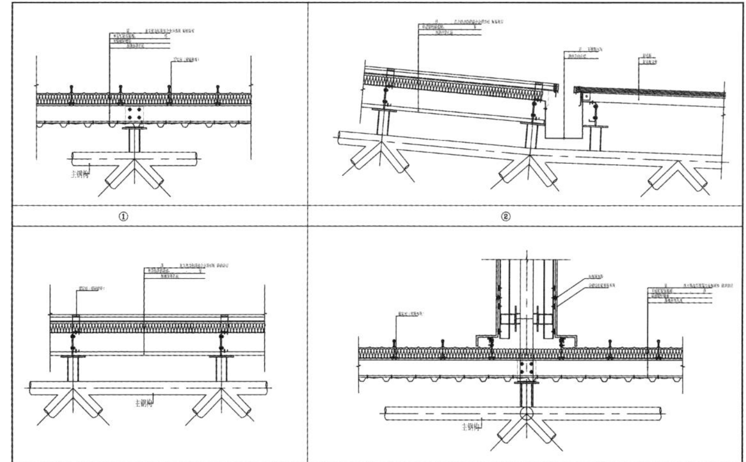

大样

建筑实景

建筑外观实景

建筑实景

观众席实景

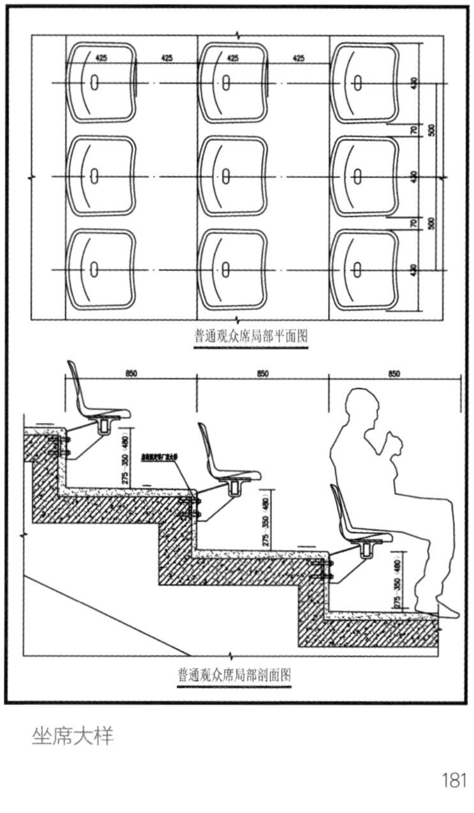

普通观众席局部平面图

普通观众席局部剖面图

坐席大样

建筑实景

BUSINESS& OFFICE ARCHITECTURE

商业办公建筑

珠江帝景酒店

小北路逸林酒店

中央海航酒店（一期）

番禺万达广场

珠江太阳城广场商业中心

广州市中级人民法院审判业务大楼

中国移动南方基地网管监控展示中心

广州知识城国际领军人才集聚区（一期）

广东电信广场

广东发展银行大厦

中洲中心（二期）

珠江帝景酒店

水池实景

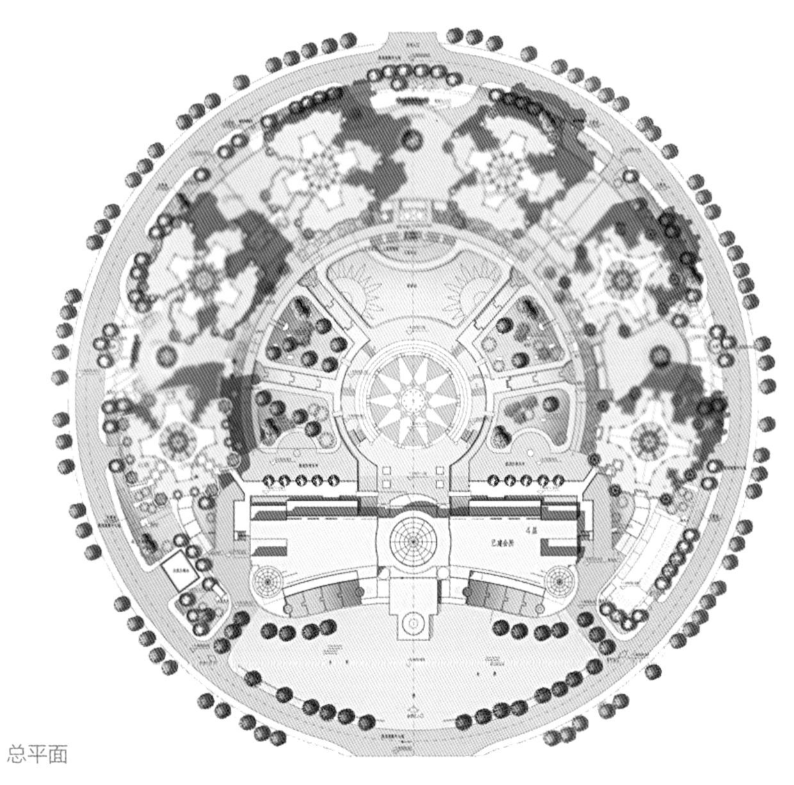

总平面

珠江帝景酒店为广州珠江侨都房地产有限公司兴建，位于珠江南岸，珠江帝景居住区南侧。该工程总建筑面积为33294平方米，地上6层，地下2层，建筑高度为46.8米。

酒店与6栋高层住宅呈环形布局，互为整体。酒店居于中轴线上，位置为中间高，两侧低，平缓舒展。设计充分考虑业主产品定位及形象需求，充分吸取古希腊、古罗马建筑风格元素，用新古典主义手法，着力塑造豪华、典雅的建筑形象，立面为石材贴面，顶部穹顶采用铜片饰面，形成色彩统一中求变化的效果。建筑两侧端部的弧形拱券、穹顶与住宅立面处理手法相统一。建筑前后均设置水池、雕塑，倒影衬托下的建筑显得更加丰富和灵动。

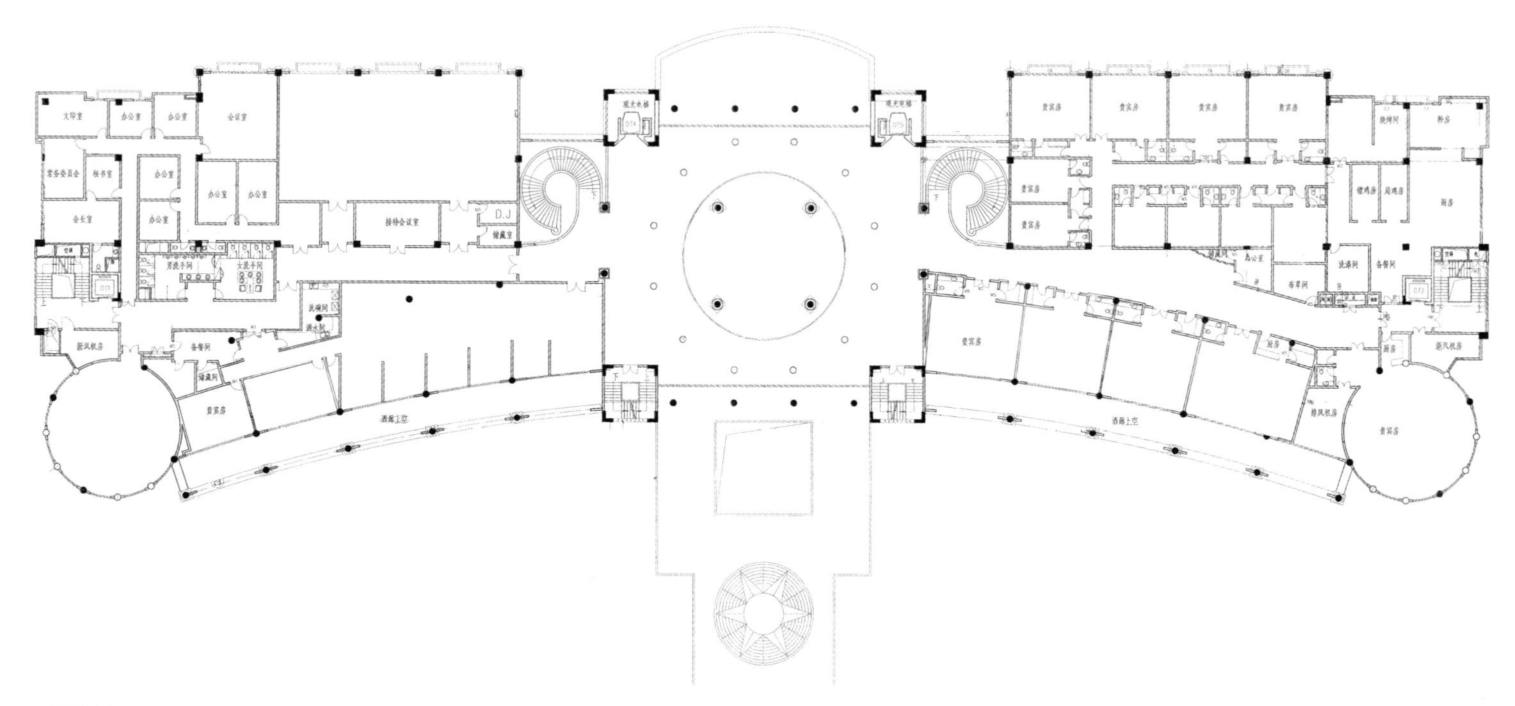

二层平面

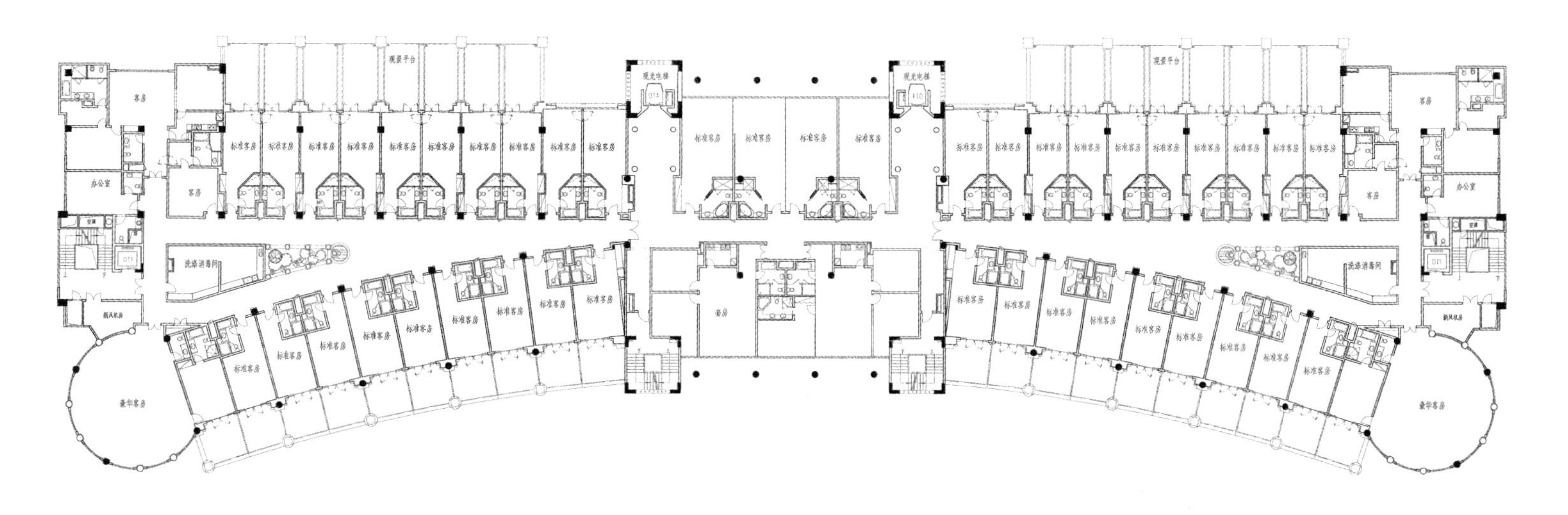

三层平面

广州珠江帝
REGAL RIVIERA HOTEL

建筑实景

建筑实景

小北路逸林酒店

小北路逸林酒店项目位于越秀区东风中路与小北路交界地段，是中央商务区核心地段，邻近省政府、市委、纪念堂，地理位置优越。

本项目是一座集酒店、办公于一体的综合商业设施。总建筑面积为80744.1平方米，其中地上部分建筑面积为64551.70平方米，地下室建筑面积为16192.4平方米，地上41层，地下4层，建筑高度为164.31米。

因本项目建设用地狭小，且东侧邻过街天桥，因此在规划布局中把裙房（相对低矮部分）置于地块东侧，塔楼置于西侧，并临马路布置，与道路同侧其他建筑边界取齐。机动车全部从地块北侧的内部道路进入，避免对南侧市政道路交通产生影响。大楼形象入口，也是人行入口，设在东、南转角处，设置喷泉及绿化。

建筑塔楼平面方正实用，符合五星级酒店的尺度要求。建筑立面为浅蓝色玻璃幕墙与局部金色玻璃幕墙搭配，相互形成穿插变化关系，造型简洁却不失奢华。

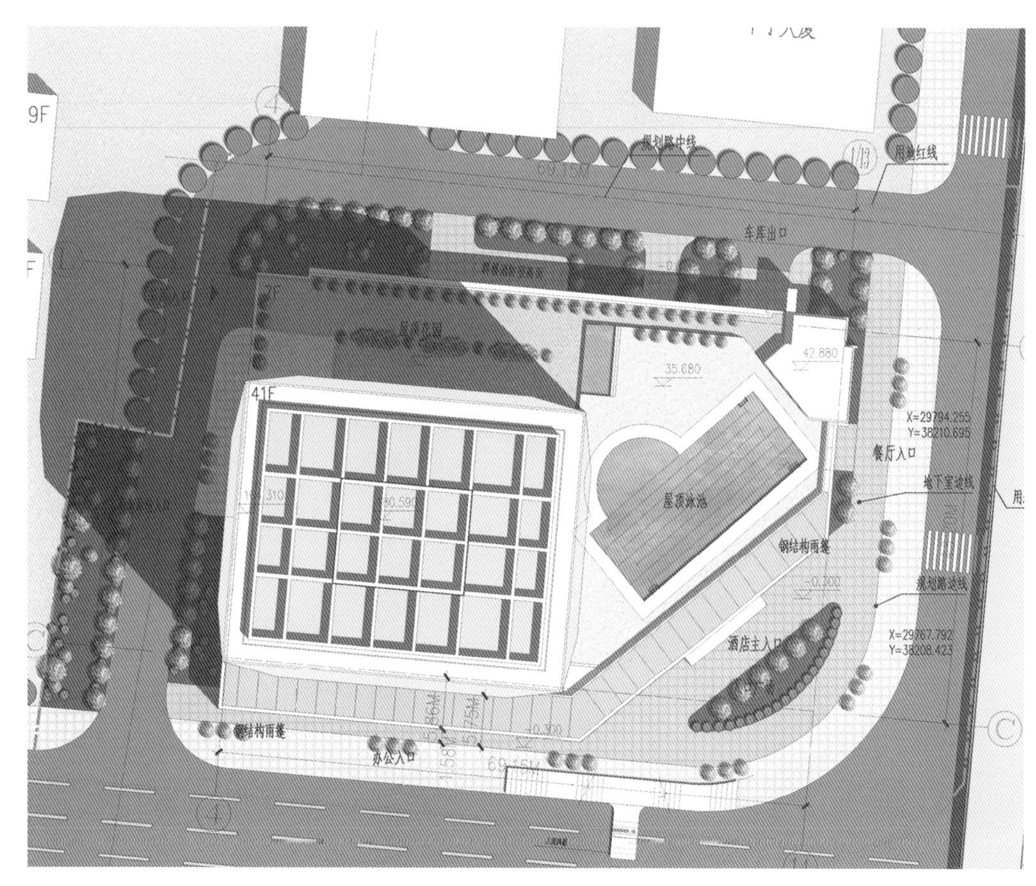

总平面

建筑实景

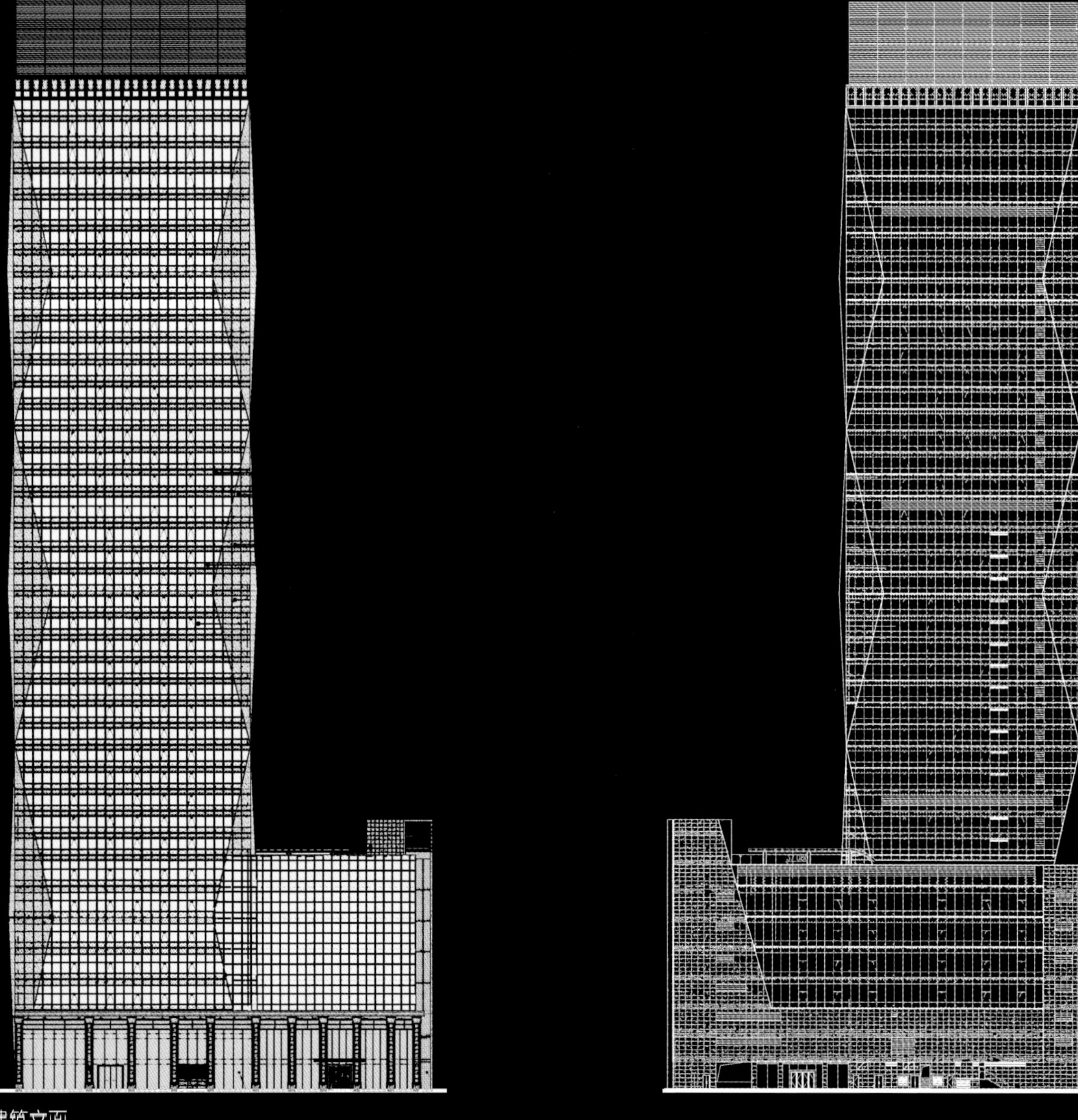

建筑立面

建筑立面细节特写

内部公共空间实景

内部公共空间实景

裙房二层平面

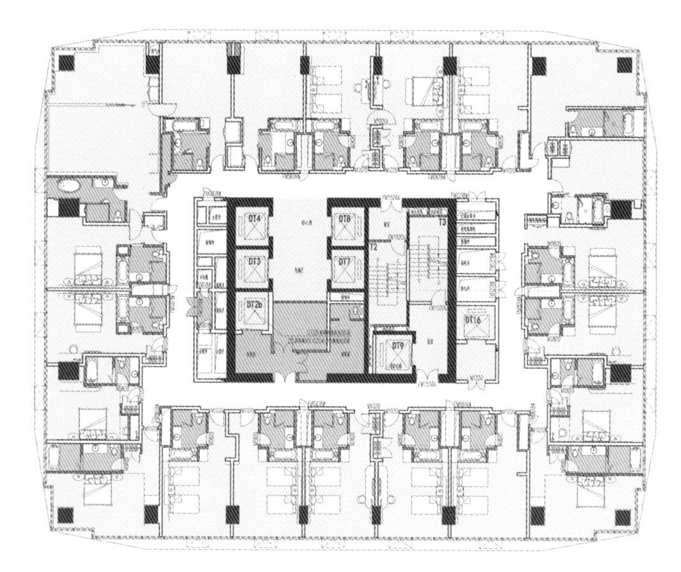

酒店标准层平面

客房内部空间实景

中央海航酒店（一期）

中央海航酒店广场项目一期写字楼工程位于广州市白云区三元里地段，处于机场路立交西南角。本工程用地面积23639.83平方米，总建筑面积78253.6平方米。其中，地上35层，建筑面积64685.5平方米；地下3层，建筑面积13568.1平方米。建筑高度149.95米，为一类高层建筑。本工程功能以办公为主，包含办公空间、银行、电信营业大厅、票务中心、便利店、咖啡厅、证券公司和商铺等功能。

本项目平面方正，为标准的写字楼平面布局，中间为核心筒结构，解决垂直交通及消防疏散要求，四周为开敞式办公空间，柱子平均布置在靠外墙一侧，方便日后办公空间的灵活分隔。标准层沿东西方向留存采光凹口，每两层设置一个开敞平台，组织核心筒候梯厅的采光通风，节约日后运营管理成本，同时也为使用者提供半开敞的户外交流绿化平台。

一期立面造型考虑二期酒店建筑横向舒展的特点，以垂直线条为主，色彩明亮，裙楼部分用深色石材装饰，顶部用金属构架深色玻璃幕墙贴面，底部沉稳。顶部整体辅以灯光效果，呈现低调内敛、精致实用的效果。待酒店二期建成之后，形成整体，将衬托出酒店豪华典雅的效果。

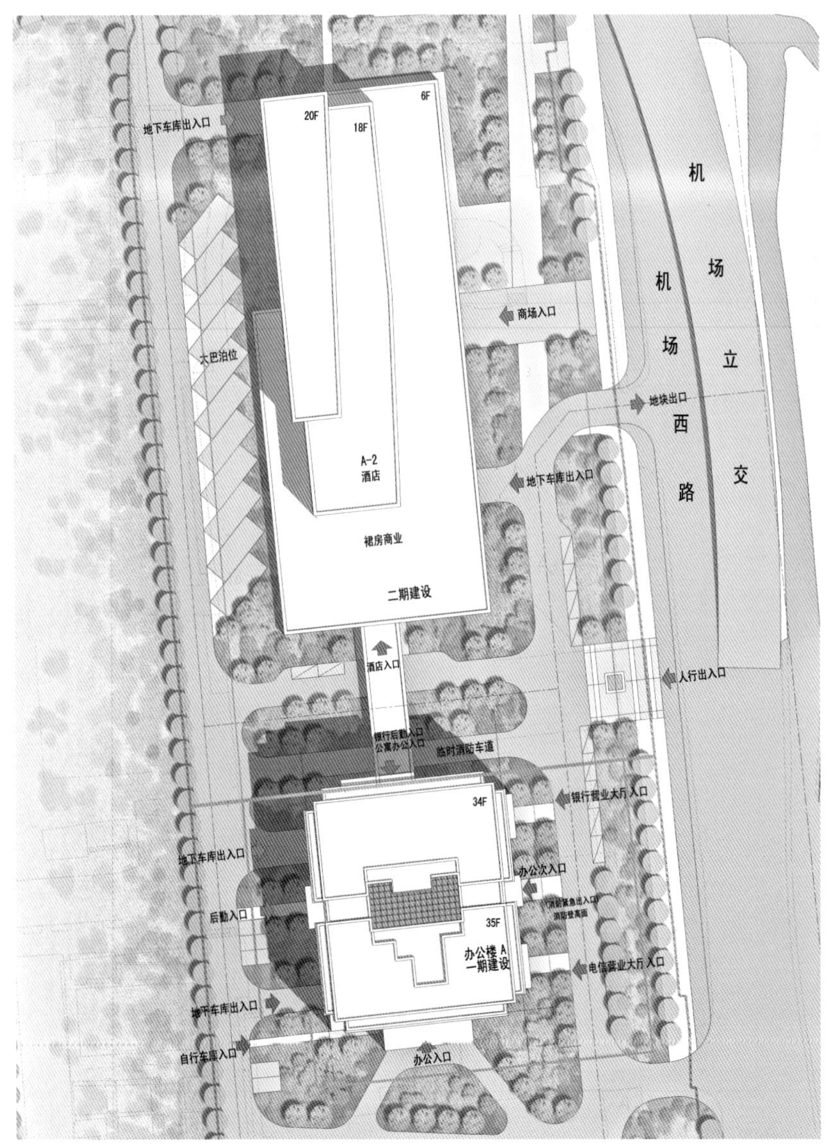

总平面

建筑实景

建筑实景

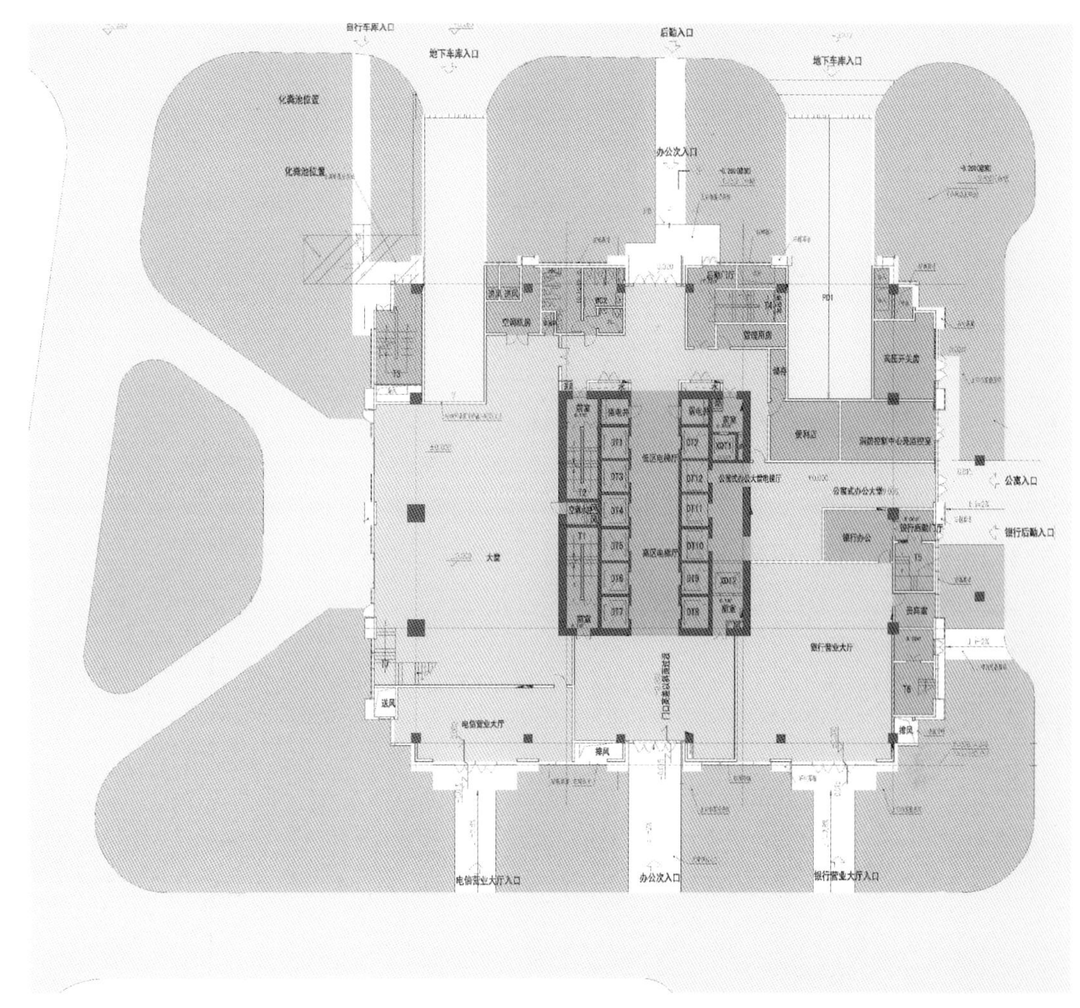
自行车库入口
地下车库入口
后勤入口
地下车库入口
化粪池位置
办公次入口
大堂
公寓入口
银行后勤入口
银行办公
银行营业大厅
送风
排风
电信营业大厅
电信营业大厅入口
办公次入口
银行营业大厅入口

首层平面

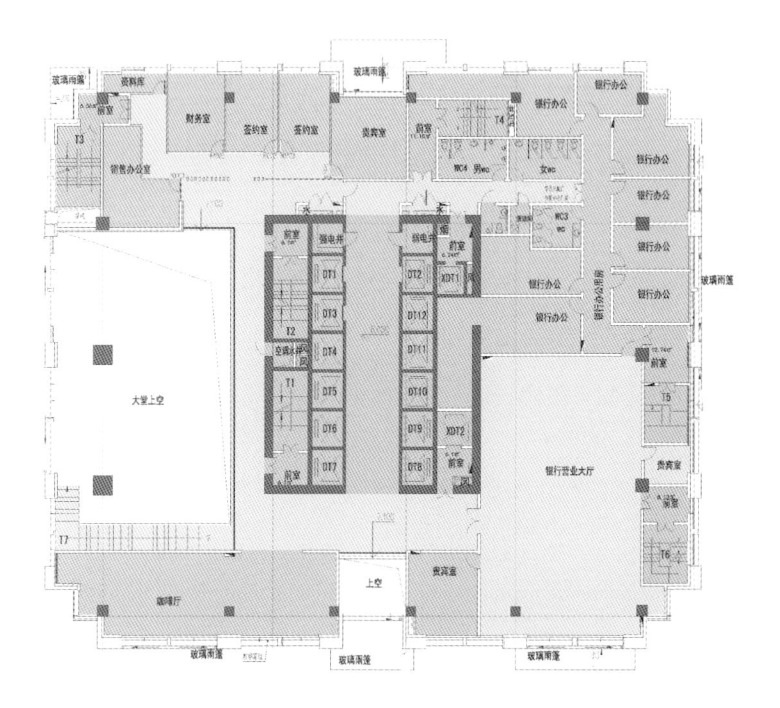
玻璃雨篷
财务室
签约室
签约室
贵宾室
银行办公
销售办公室
大堂上空
银行营业大厅
咖啡厅
上空
贵宾室

二层平面

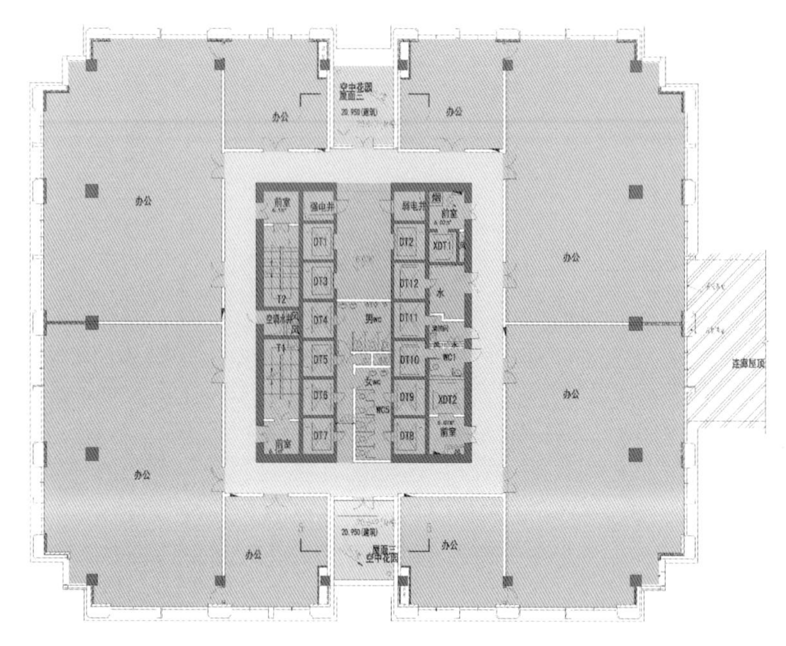

五到十层标准层平面

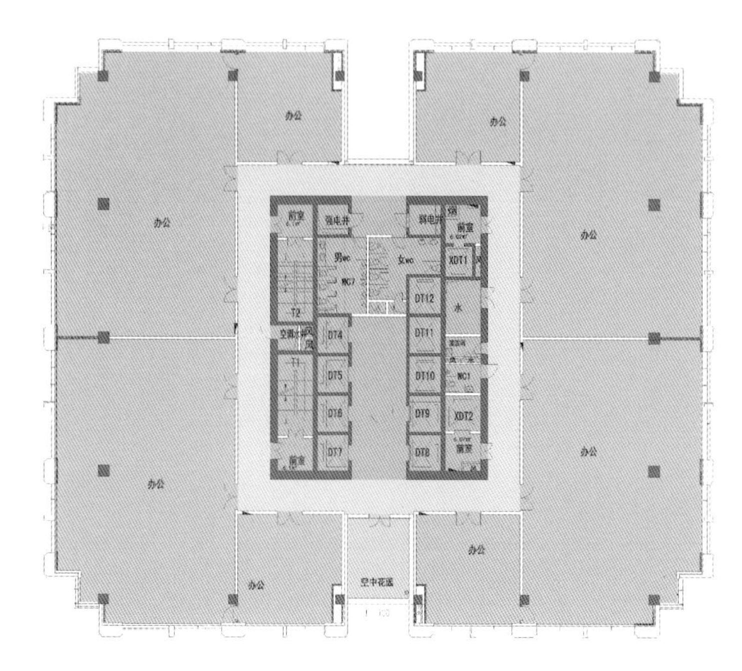

十四到二十四层标准层平面

建筑实景

番禺万达广场

建筑夜景

广州番禺万达广场（广州番禺万博CBD商业广场）是万达集团在广州市番禺区兴建的第二个大型商业综合建筑。本工程位于广州市番禺区万博大道与汉溪大道交汇处，处于番禺万博CBD地块的核心区域。北面邻CBD中央绿化带，南面与地铁12号线相连。交通四通八达，具有明显重要的商业开发战略地位。项目用地南面为60米宽的城市主干道汉溪大道，西侧为30米宽的万博大道，东面和北面为20米宽的规划路。

南区用地面积为49542平方米，总建筑面积330343平方米，地上建筑面积223505平方米，地下建筑面积106825平方米。设有3层地下室，地下车位共2161个，其中机械车位1161个。建筑群体由两栋2层商业步行街、一栋5层商业综合中心、一栋41层和一栋42层的超高层写字楼组成。建筑结构为钢筋混凝土框架结构。项目于2011年9月立项，2014年10月竣工，总投资约10.12亿元。

番禺万达广场项目作为一种全新的地产开发模式，秉承万达广场所倡导的“城市综合体”理念，具有相当的超前性，对整个城市的传统商业模式有着极其重大的影响力，为番禺万博CBD中心区的城市建设带来浓墨重彩的一笔。

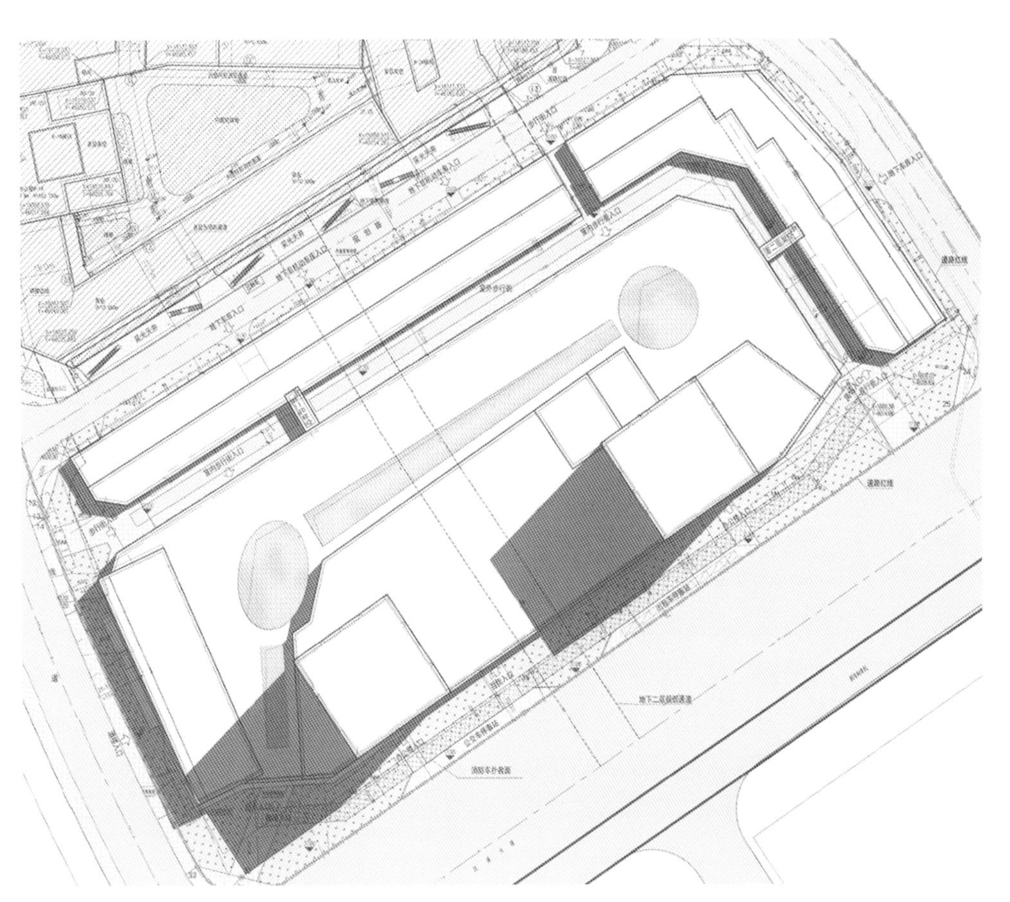
总平面

万达广场
WANDA PLAZA
vanguard

建筑夜景

1号门入口实景

1号门入口实景

2号门入口实景

4 号门入口实景

立面细节特写

立面细节特写

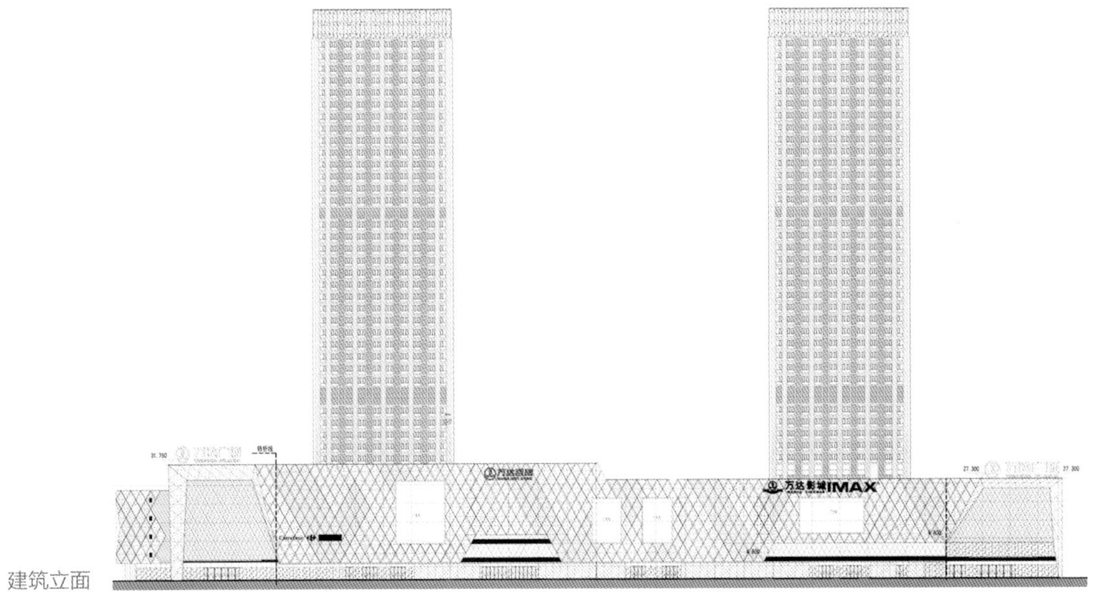
建筑立面

沿街商铺实景

沿街商铺实景

大堂实景

电梯间实景

内部空间实景

内部空间实景

珠江太阳城广场商业中心

建筑实景

珠江太阳城广场商业中心位于广州市珠江新城M1-3地块，坐落在珠江新城东部中心北段，东临平川路，南面为规划路，西临马场路。本工程用地面积34901平方米，总建筑面积147958平方米。其中，地上8层，建筑面积79345平方米；地下4层，建筑面积68613平方米。建筑高度49.8 米。

商业建筑与其他建筑最大的区别在于需要对目标人群进行精准分析，目标人群决定业态，业态又决定空间布局、交通组织、层高、荷载设计、装饰装修和立面效果。

珠江太阳城广场商业中心项目位于广州CBD——珠江新城，面对的客户群主要为高端成熟型客户，因此平面布局从中心展开，宽敞的公共空间流线简洁明了，着力为顾客提供直接、舒适的购物体验，室内装饰秉承简洁的设计思路，以暖色为主，选材精致高档。室外造型简洁整体，金属构架与玻璃幕墙形成虚实变化，沉稳大气的风格中又带有时尚元素。

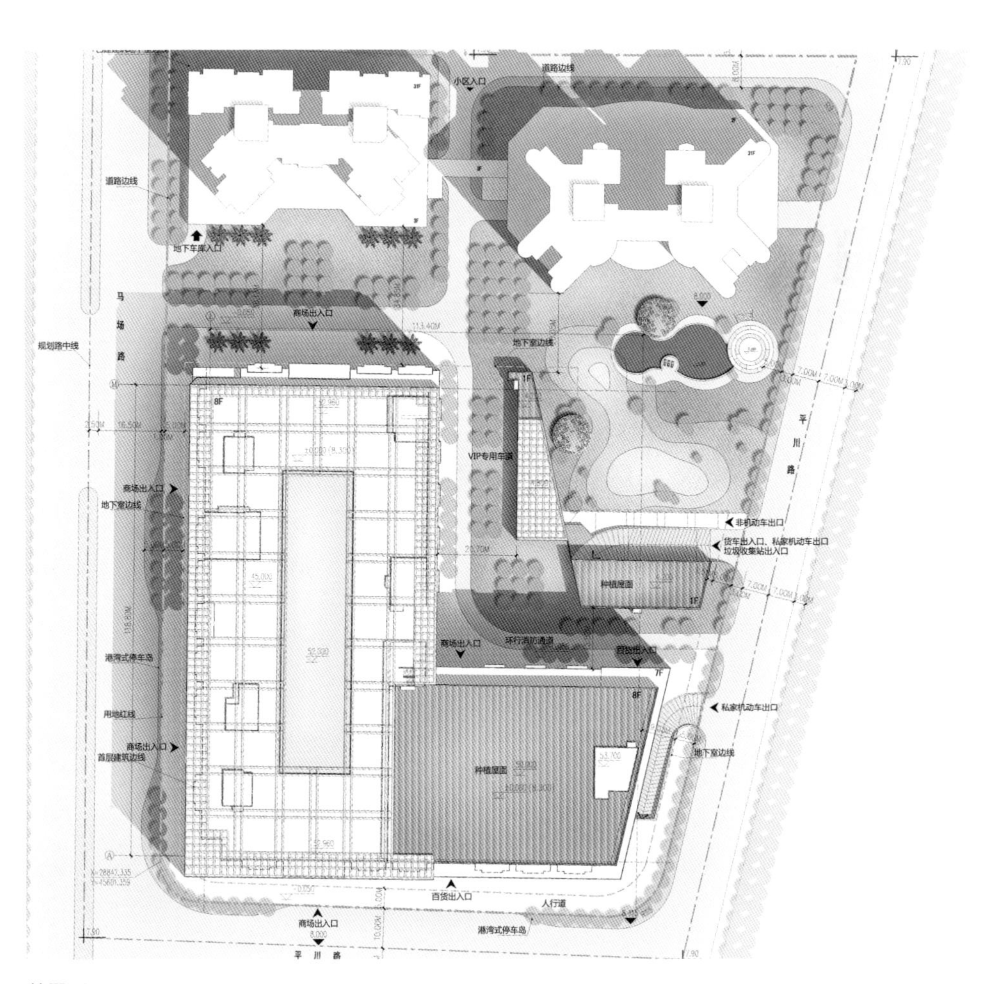

总平面

建筑实景

太阳新天地
happy valley
太阳新天地
太阳新天地 购物中心
中影国际影城
ÆON
ÆON MaxValu
美思佰乐
生鲜超市

建筑实景

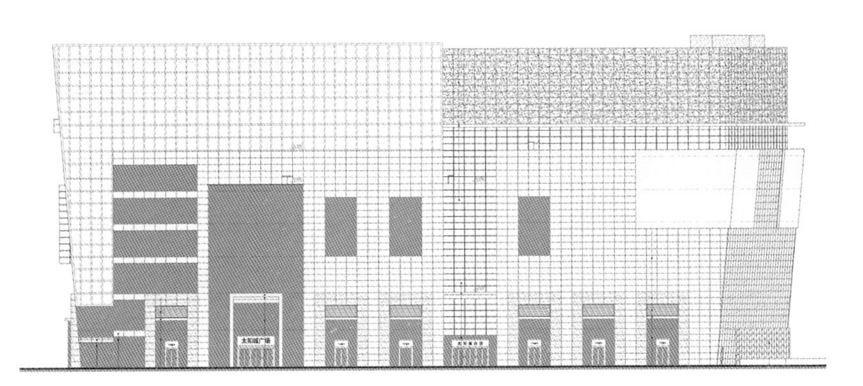

建筑立面

内部实景

首层平面

三层平面

内部实景

内部实景

内部实景

内部实景

广州市中级人民法院审判业务大楼

建筑实景

鸟瞰实景

广州市中级人民法院是全国建院历史最长、干警人数最多的中级人民法院之一，为广州的经济建设和社会发展提供了有力的司法保障和优良的司法服务。为满足广州市法院审判业务不断增长对业务用房的需求，广州市中级人民法院于2012年启动新址整体迁建工作。

本项目为广州市中级人民法院审判业务用房及配套用房工程，建设地点为广州市白云区。工程占地面积75154平方米，总建筑面积83000平方米，其中地上55690平方米，地下27310平方米，地上9层，地下2 层，建筑总高度61.1米。

构思手稿

本方案突破传统，采用较新颖的“上下分区，整体组合”的“鼎压式”布局方式。首层至三层的裙楼为法院审判区，作为“鼎”稳重的底座；塔楼四层为架空层，五至九层则为内部业务用房，如一座雄浑的“鼎”架在底座之上。顺应“鼎压式”布局方式，建筑造型也以“方正法鼎”为构思主题，运用现代抽象造型设计，让人一望有鼎立之势。

作为地方的中级人民法院，在建筑外观上也应赋予一定的地域特色。为体现法院外墙的厚重感，设计中采用内凹的外窗，窗外侧设简洁的窗花装饰，图案采用抽象的“羊角”符号，与广州的“羊城”别称相呼应，窗花装饰又如“法鼎”上的纹饰，更添韵味。独特的窗花设计获国家授权的外观设计专利。

中部庭院—法门神圣

主入口柱廊实景

内部庭院实景

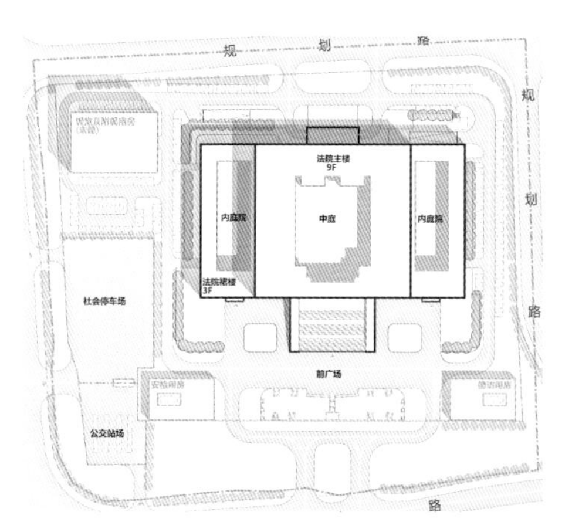

总平面

北入口实景

整体鸟瞰

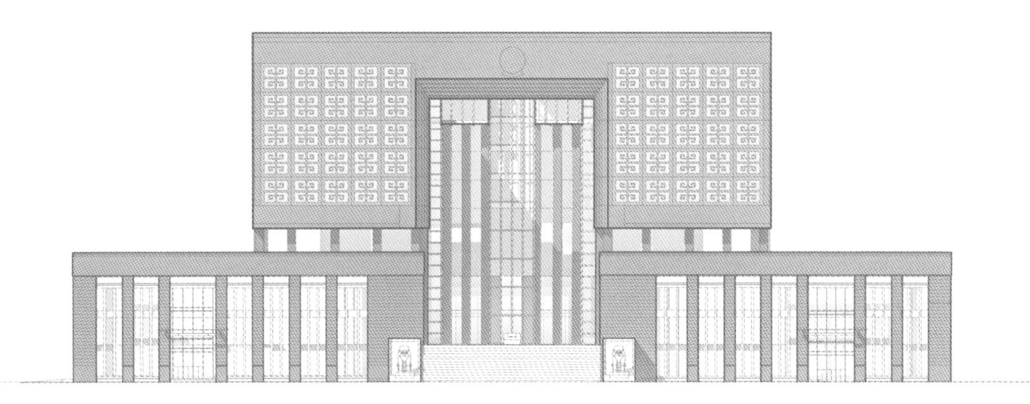

南立面

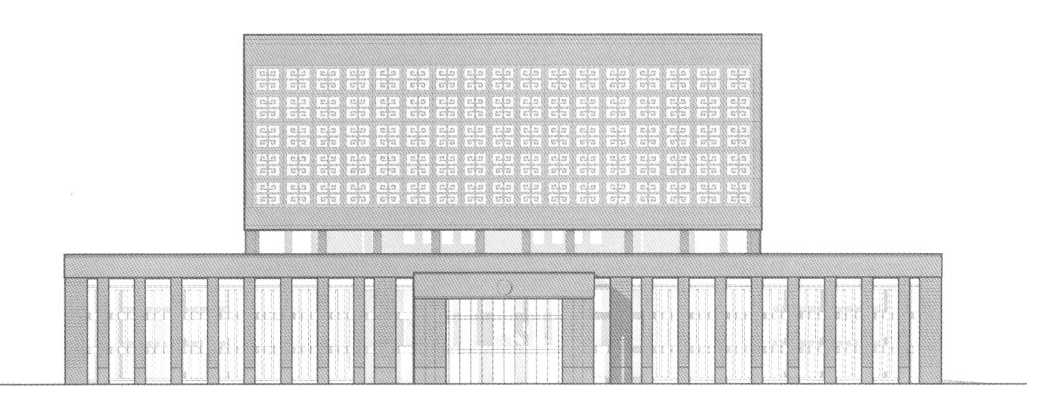

北立面

外立面实景

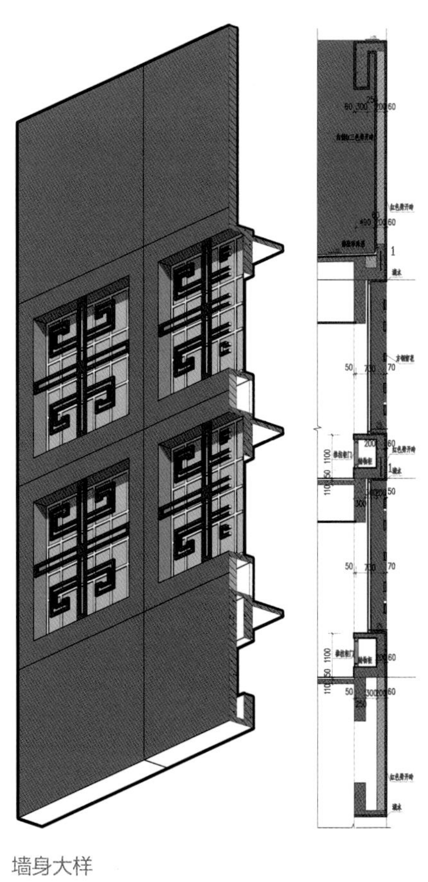

墙身大样

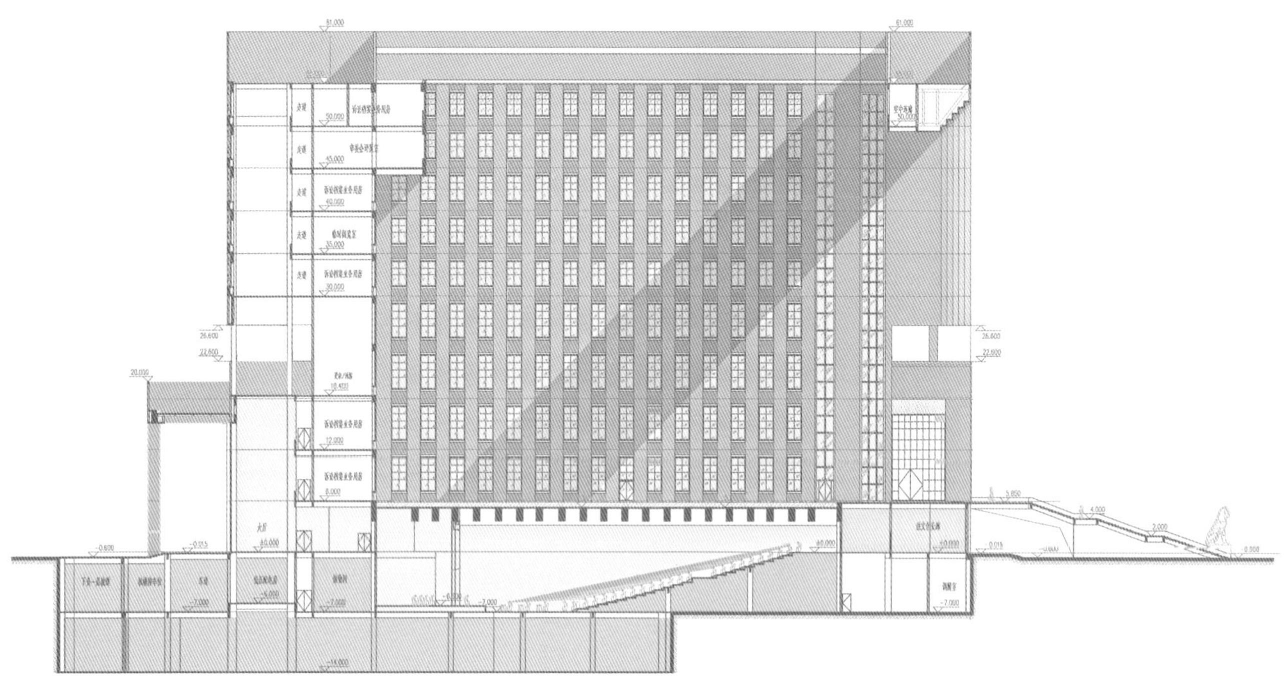

建筑剖面

本建筑物结构存在多处大跨度复杂结构

1. 二层空中花园处，下部为大法庭，梁跨度达到37米。结构采用型钢混凝土梁以及型钢混凝土柱形成大跨度框架结构体系，型钢混凝土柱延伸至地下一层。

2. 建筑在第九层设置了长达34米的空中走廊，采用钢结构空间桁架的结构形式，一方面满足建筑对立面及内部使用空间的要求，另一方面极大地降低了结构自重，同时满足了美观及经济需求。

桁架天桥结构

桁架天桥造型实景

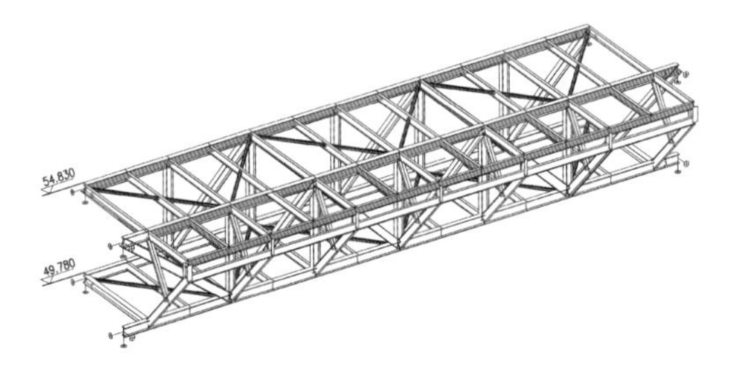

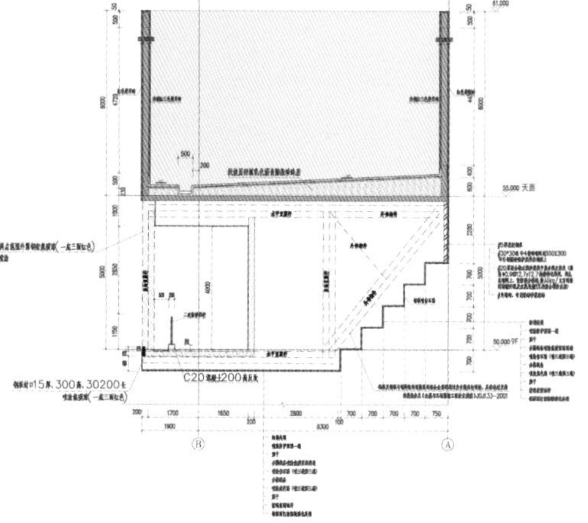

桁架天桥大样

桁架天桥正面特写

中国移动南方基地网管监控展示中心

建筑实景

建筑鸟瞰

本项目位于广东省广州市天河区，东经113.35°，北纬23.12°，属亚热带海洋性季风气候，以温暖多雨、光热充足、夏季长、霜期短为特征。一年中最热的月份是7月，月平均气温达28.7℃；最冷的月份为1月，月平均气温为9～16℃。平均相对湿度77%。

本项目位于中国移动南方基地内，占地面积约5024平方米，地势略有起伏，为靠山面水的平缓坡地，该位置是基地内除保留山体外的最高处。场地平整后基本保留了地形的高差关系，为后期建筑设计营造趣味性的室外叠级广场预留可能。

中国移动南方基地一期占地面积42.6万平方米，建筑面积17.6万平方米，位于广州市天河区高塘大道，是天河科技园高塘基地IT产业组团的一个组成部分，基地西面紧靠火炉山森林公园，处于高塘新区中心公园与火炉山森林公园之间的山体、水体等生态及景观廊道地带。

中国移动南方基地为中国移动网络和业务全球化做好IT支撑和研发准备，建成后成为世界一流的研发基地，是中国通信服务推向国际的重要基地。

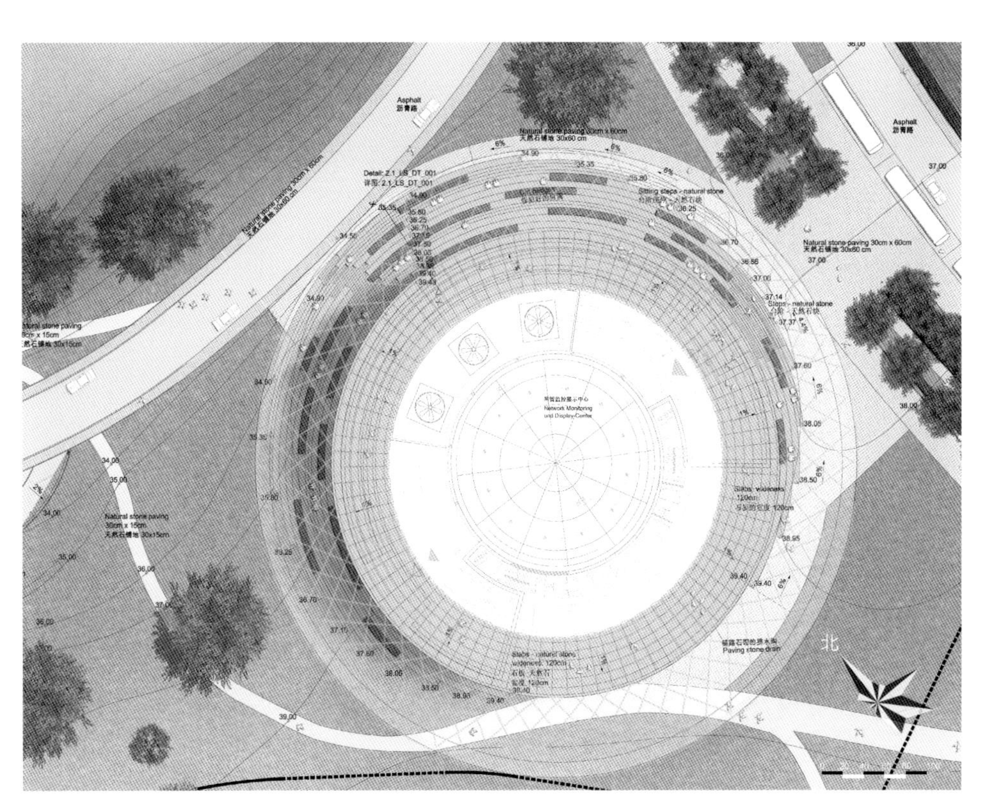

总平面

主入口实景

“漂浮的莲花”

半双曲面的建筑体如同一朵盛情绽放的莲花。玻璃幕墙结构精妙，无数菱形网格布置的玻璃构件逐渐向上放大，形成象征花瓣的曲面幕墙，使建筑造型独具特色，本身即是一处融入城市山水格局的大地景观。

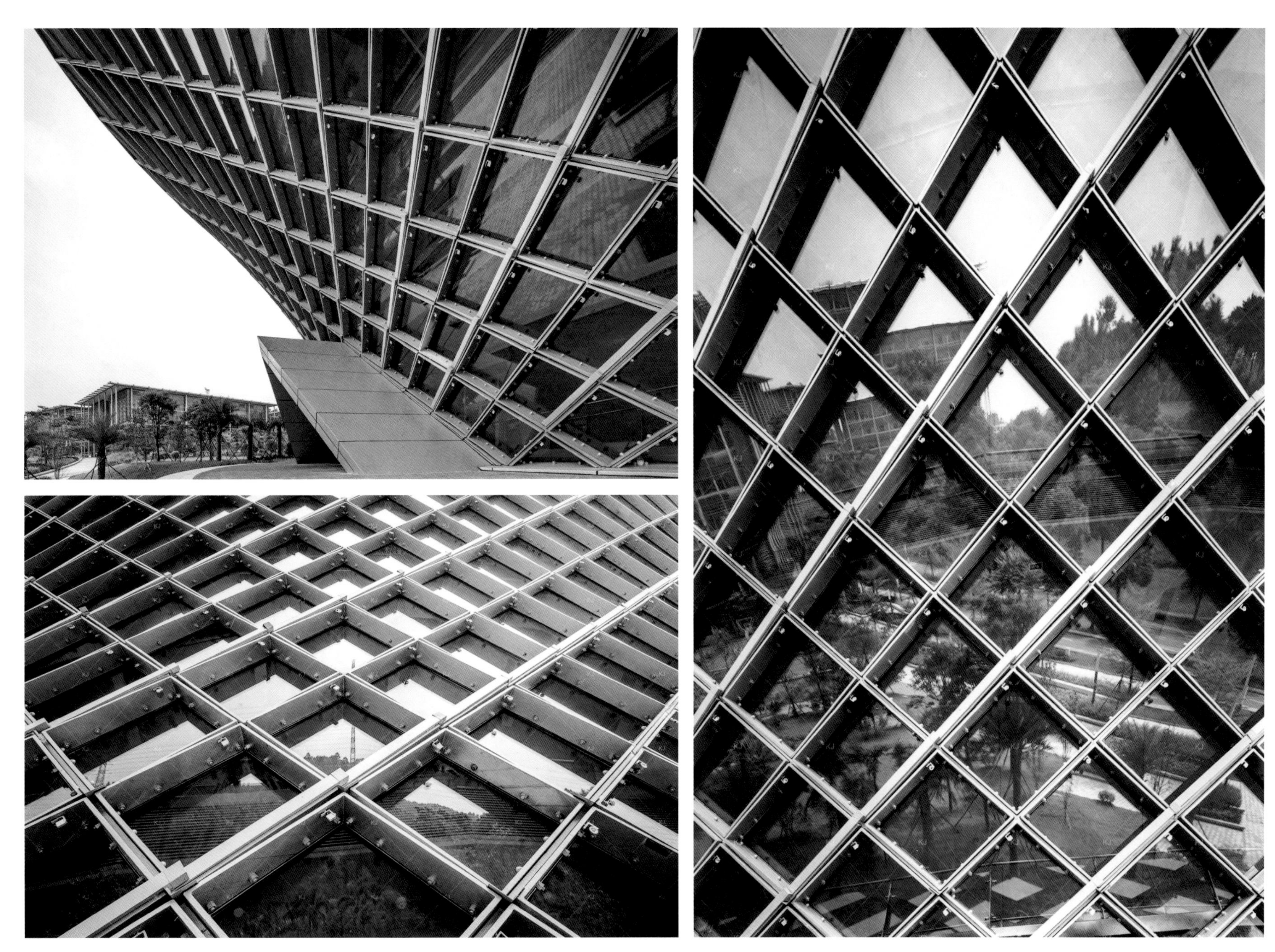

建筑立面特写

建筑幕墙实景

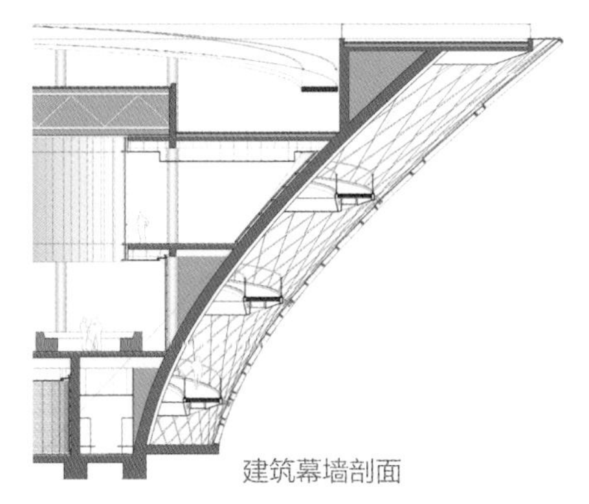

建筑幕墙剖面

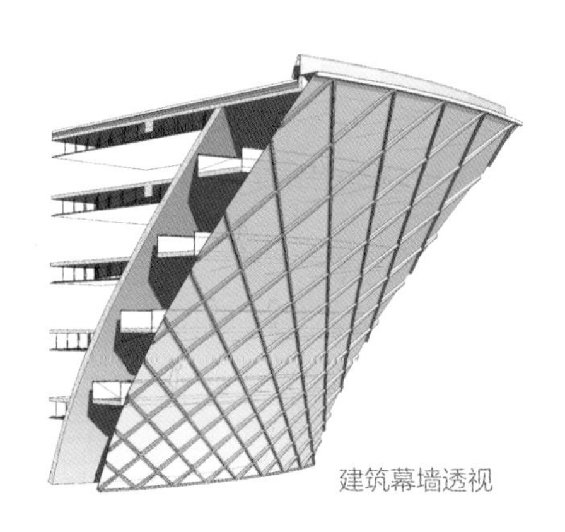

建筑幕墙透视

“双表皮”建筑幕墙系统设计

展示中心采用了“双表皮”建筑设计手法，混凝土墙面之外围合1层相对独立的玻璃幕墙系统，双层表皮系统不仅让建筑造型设计增加了无限的可能性，更重要的是，表皮之间近3 米的中空空间为建筑提供了隔热、导风等多重被动节能的效果。

主建筑物外轮廓采用双曲抛物面壳的形式，壳面是由两条倾斜直线围绕中心轴旋转而成，其结果是每个单元均是双曲面。

建筑幕墙实景

网管监控展示中心室内实景

网管监控展示中心室内实景

建筑外景

广州知识城国际领军人才集聚区（一期）

本项目是广州知识城国际领军人才聚集区的一期工程，项目总用地55111.4平方米，总建筑面积204026平方米，其中一期占地16533.5平方米。

一期工程包括A01、A02、A03三栋建筑。其中A01、A02为技术服务办公楼，A03为国际交流中心。A01地上10层，建筑高度为43米，建筑面积为15360.5平方米，地下1层，建筑面积为8387平方米；A02地上10层，建筑高度为43米，裙房局部3层，建筑高度为18.15米，建筑面积为19164平方米；A03地上3层，建筑高度为18.15米，建筑面积为5582.9平方米。

项目通过高效便捷的精致化产业社区、乐活复合的综合性底层服务空间、低碳节能的花园式办公环境、依山带水的共享性景观空间，打造知识城首屈一指的产业综合体、高端院士级总部办公园区。该项目的落成将为广深科技创新走廊核心平台的中新广州知识城再添科技创新载体，再增创新驱动发展动力。

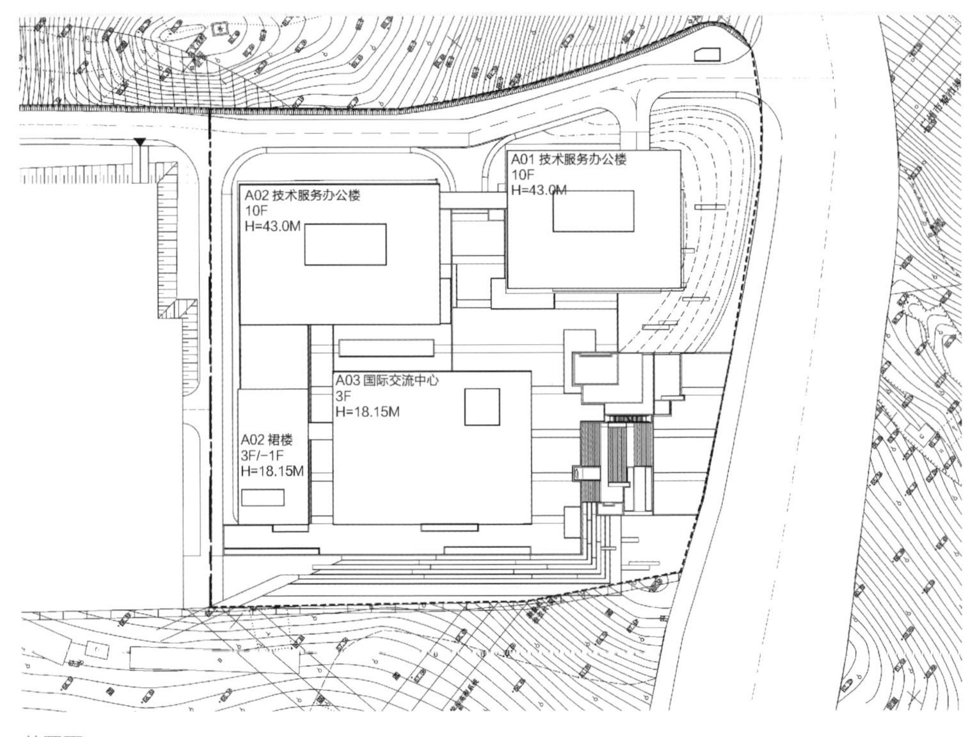

总平面

KCIP
国际学术交流中心
INTERNATIONAL ACADEMIC
EXCHANGE CENTER
A02
A01
A03

建筑实景

建筑鸟瞰

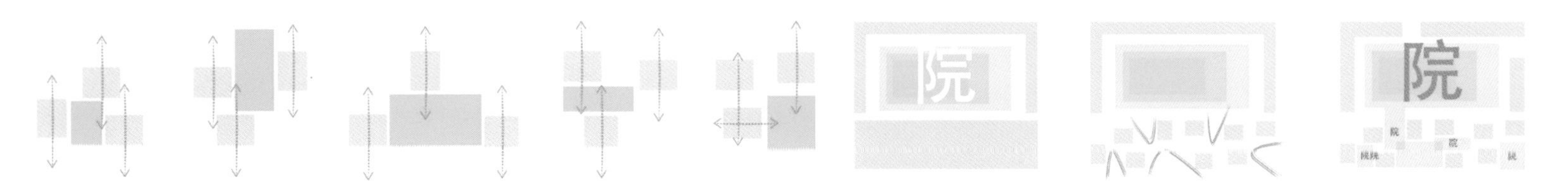

体块生成分析

建筑实景

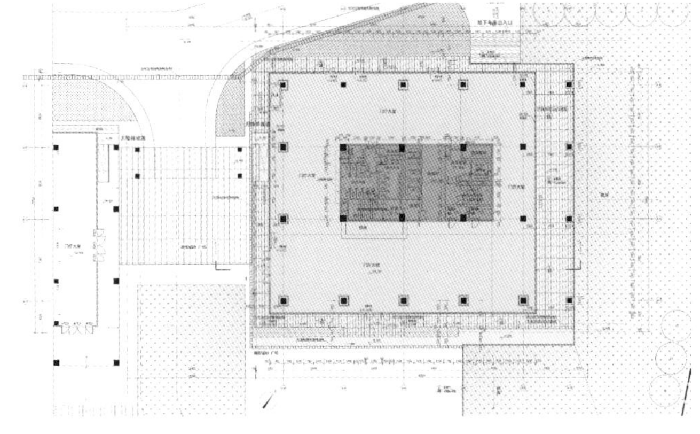

A01 平面

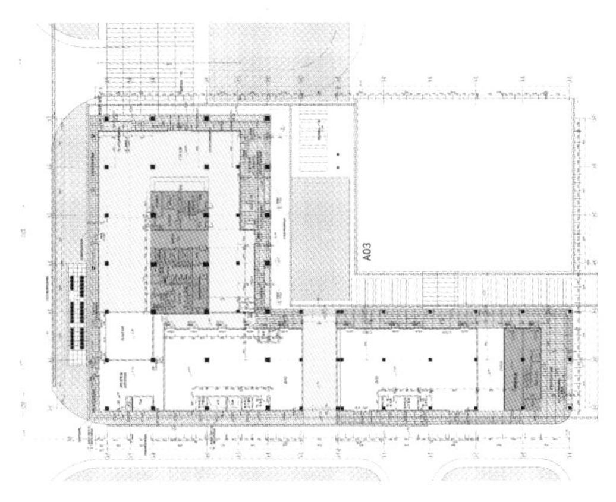

A02 平面

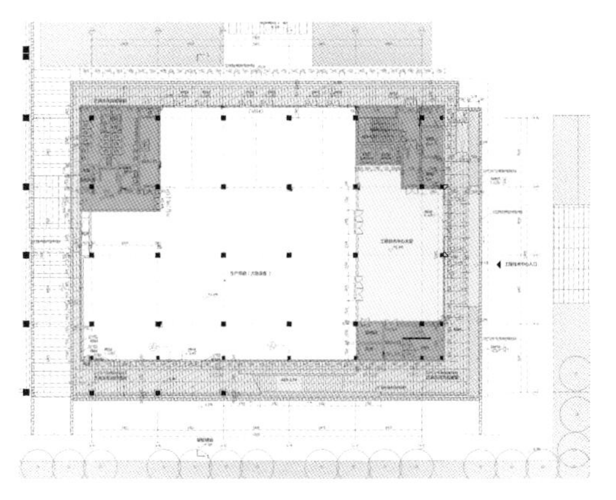

A03 平面

KCIP
国际学术交流中心
INTERNATIONAL ACADEMIC
EXCHANGE CENTER

建筑实景

KCIP
国际学术交流中心
广州知识城国际领军人才集聚区
GKC.INTERNATIONAL LEADING TALENT GATHERING PARK

建筑实景

建筑实景

建筑实景

立面取意“涟漪荡漾”，采用连续动态统一而又富有变化的白色水平线条，简而不凡，赋予建筑一种独特的艺术气息。

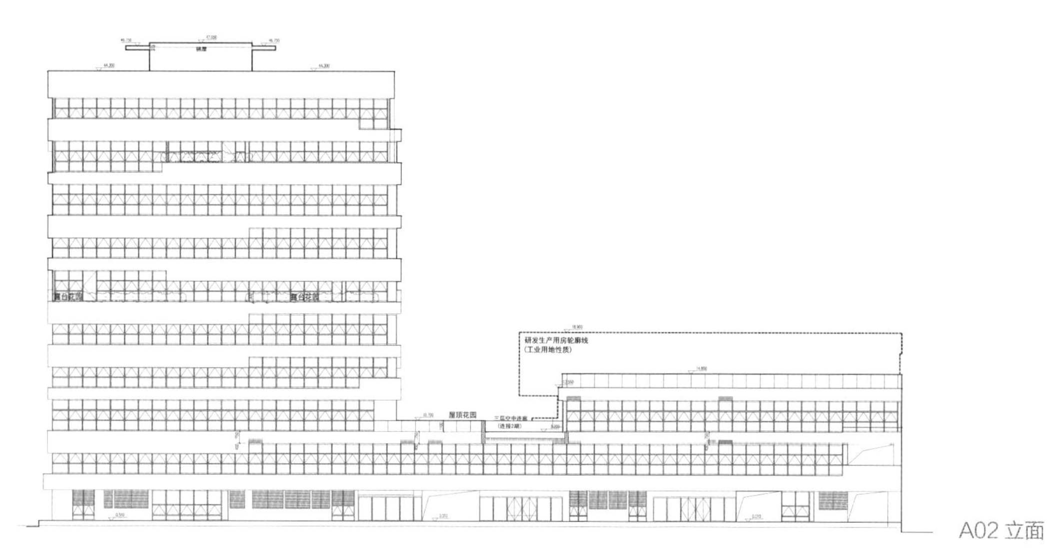

A02 立面

建筑实景

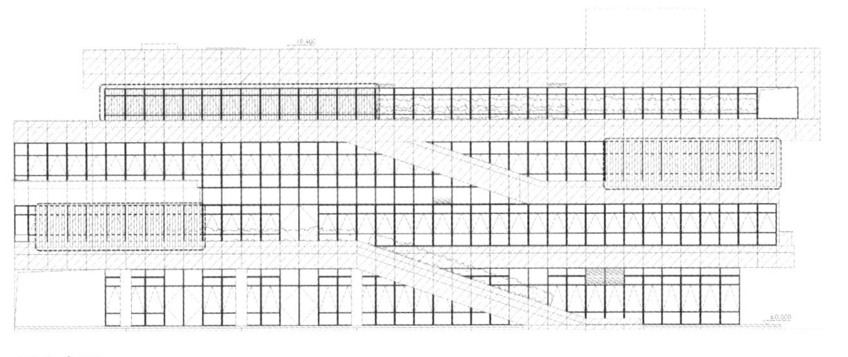

A03 立面

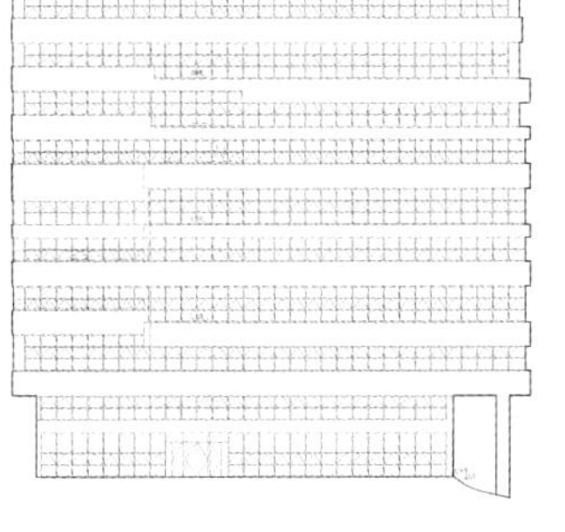

A01 立面

建筑室内实景

广东电信广场

广东电信广场是由广东电信有限公司控股的一座综合性写字楼，它集电信生产、营业办公和写字楼出租等多种功能于一体，位于广州市越秀区中山二路与农林下路交界处。建筑总高度260米，总建筑面积约14.5万平方米。该建筑共68层，包括地下6层、地上62层和裙楼9层，为广州第四高的摩天大楼。

该项目1995年开始设计，1996年完成设计，2005年投入使用。建设用地为不规则的三角形，用地东侧有文物建筑，需退让保留，因此建设用地尤为紧张。

人流主要出入口设置在临中山路一侧，次入口设置在西、北侧，车行入口设置在西、北侧，通过内部道路、广场进入地下车库。裙房9层，局部7层，首层结合入口设计有柱廊，目的是增加建筑的层次感和立体感，同时也能有效减弱建筑的体量，减少对城市街道的压迫感。塔楼标准层方正实用，外墙玻璃采用中空夹胶镀膜玻璃，隔热保温效果良好。部分设备层根据负荷分区的要求，设置在塔楼的顶部，有效降低了传输过程的损耗。

建筑立面造型选取了电信产品的元素，体现出公司总部办公楼的个性特征，效果别具一格。该项目使用至今效果良好，已成为该区域的标志性建筑。

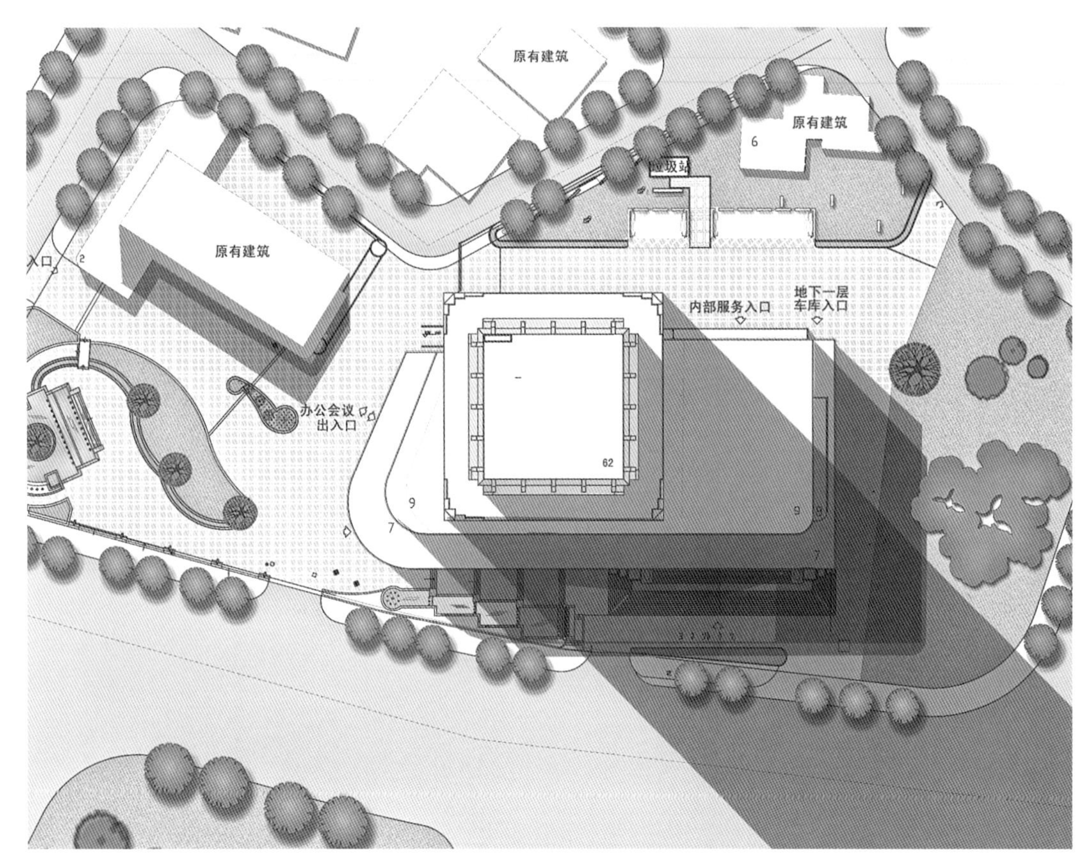

总平面

建筑实景

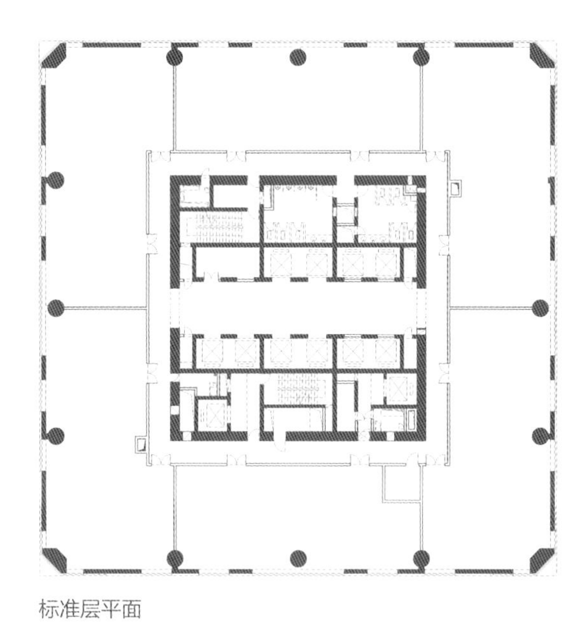
标准层平面

二层平面

会议中心入口实景

电梯间实景

会议中心休息大厅实景

网管中心实景

食堂空间实景

会议中心实景

广东发展银行大厦

广东发展银行大厦是广东发展银行投资兴建的银行总部大厦，是集营业、办公、保险于一体的智能型综合性大楼。项目位于广州东风路与农林下路的交汇处，用地面积4552平方米，总建筑面积5175平方米，主体高38层，地下室3层。该工程于1994年动工兴建，1996年底竣工。

项目所处的东风路是一条横贯城市东西方向的主干道，弯曲呈弧形，项目所在位置刚好处在道路的“L”点上，所以无论从东往西还是从西往东，广东发展银行大厦均是最为突出的建筑物。

项目平面规划布局遵循城市肌理，南、东侧分别平行于东风路、农林下路，主入口设在车流量相对较少的农林下路上。

裙房布置对外营业大厅，塔楼以内部办公功能为主，地下室设有金库。裙房以深灰色大理石饰面，首层退缩形成骑楼，延续传统岭南建筑的风格特征，减少对城市主干道的压迫感，同时也增加了阴影立体效果，凸显出建筑的稳重、典雅。

塔楼平面为方形，立面采用对称手法，带形窗与点窗相结合，规矩中有变化，沉稳中有个性。

顶部巨型的菱形金属构架是大厦的视觉焦点，宛如东风路上的一颗钻石，在夜色映衬下熠熠生辉，表达出广东发展银行大厦无穷的艺术魅力，并成为所在区域具有代表性的标志建筑。

建筑实景

建筑实景

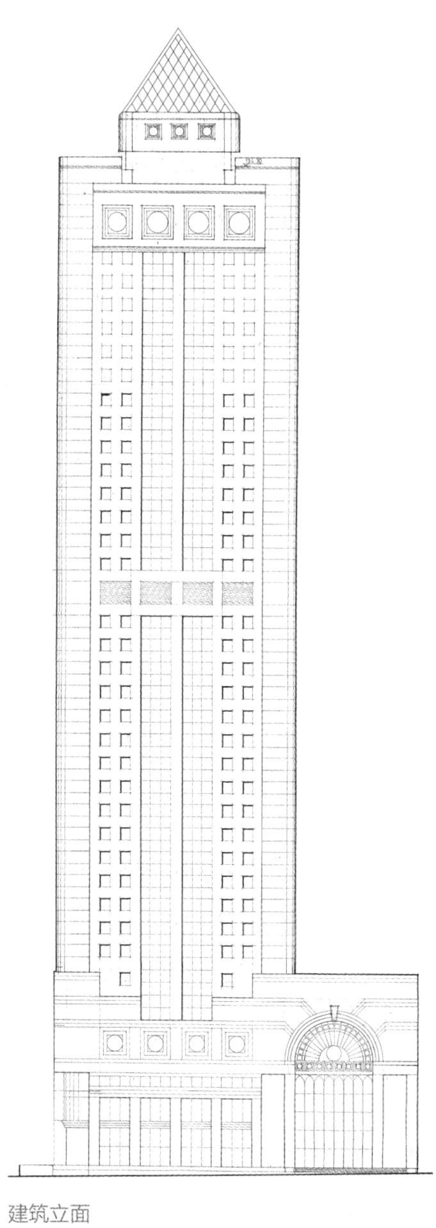

建筑立面

建筑夜景

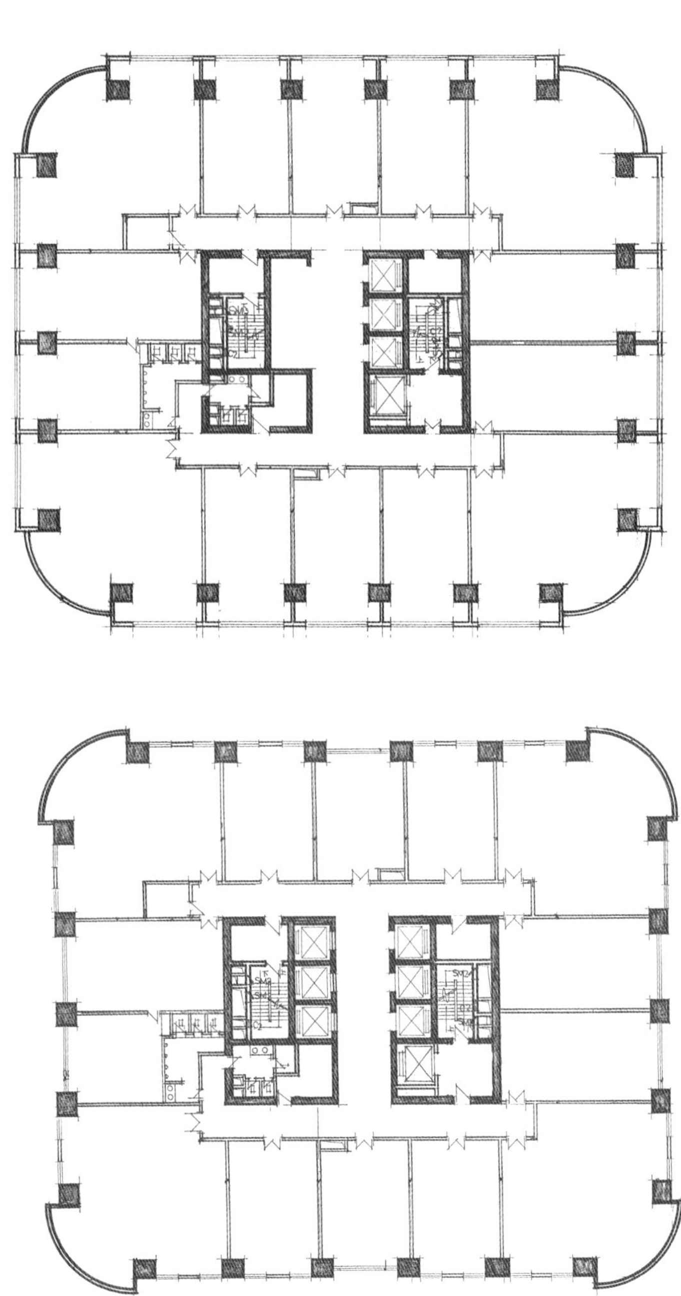

标准层平面

建筑夜景

中洲中心（二期）

构思手稿

中洲中心二期工程位于广州市海珠区新中轴线琶洲会展商圈东南面，定位为轻工产品出口厂家及外贸公司常年展示商品的国际性专业市场。

项目处于一个既浸润着广州传统文化又拥有成熟的国际贸易的环境中。基地西面是已建成的中洲中心一期和琶洲教师新村，北面为光大国际采购中心，东侧紧邻科韵南立交，与琶洲的文化历史标志琶洲古塔隔路相对，南隔黄埔涌遥望广州市的南肺“万亩果园”。项目建设用地面积51739平方米，总建筑面积为173689平方米，建筑高度83.25米；地上22层，地下2层。

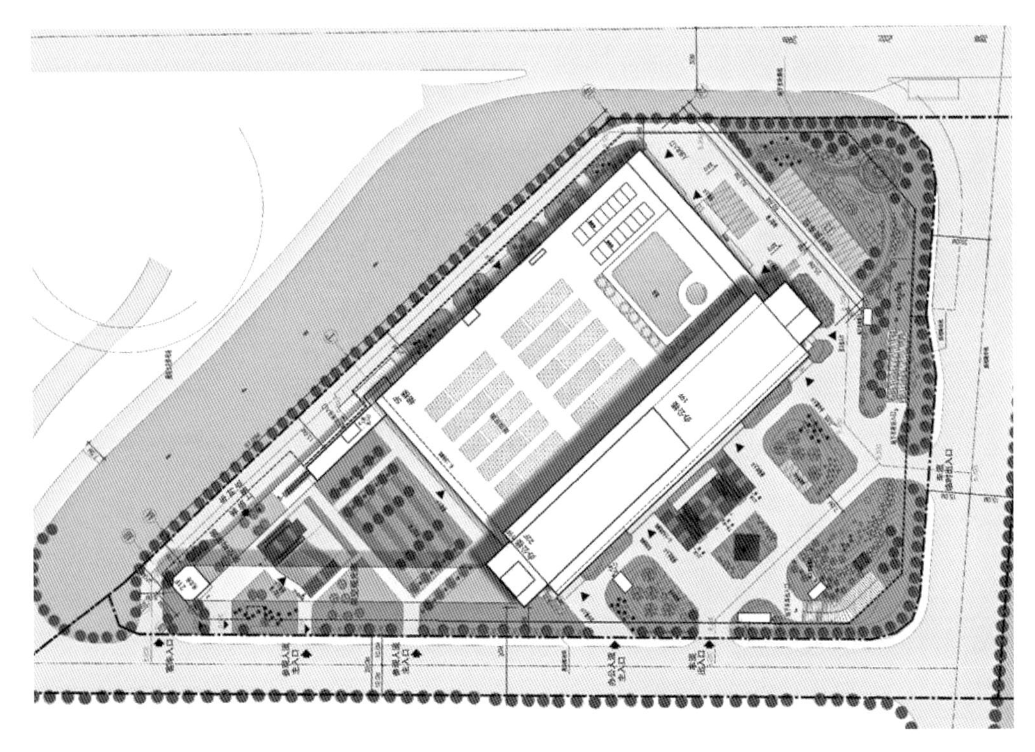

总平面

建筑实景

鸟瞰实景

结合北窄南宽的锲状用地现状，以高效、简洁为原则将建筑物沿地块的一条长边平行布置，使地块自然形成三个广场：商场展示区前广场、办公楼前广场和卸货区广场。根据高效、便捷的原则组织疏导人流、车流，流线清晰明确，互不交叉干扰，同时使建筑周边享有高质量的空间。

裙楼是一个水平向的长方体，保证了展示空间的完整性。垂直向的板式塔楼交通核心布置于两端，南北偏45°朝向，使办公楼享有琶洲公园与万亩果园的优美景观。基地西北入口的观光塔与塔楼通过120米跨度的高空观光走廊连接，形成巨型“门”架，与琶洲古塔遥相呼应，构筑了广州南大门的形象。

巨型门架下的灰空间是展示广场，结合下沉广场，将人流引入地下一层商场。建筑东北面的形象入口与防护绿带景观整体设计，运用大地景观艺术设计手法形成生动有趣的地域图案，使建筑的第五立面更突出。

本项目在高86.5米的北侧塔楼核心筒与观光塔顶部之间搭建120米大跨度观光廊构成高空走廊，结构体系为：核心筒与观光塔采用粘滞阻尼器+钢筋混凝土框架—剪力墙结构，120米大跨度高空走廊采用粘滞阻尼器+钢桁架结构；并于裙楼三层商场与观光塔之间搭建90米长低空走廊，采用钢桁架结构，与高空走廊构成大型“门架”，“门架”结构体系特殊，属于采用新体系、新技术的特殊高层建筑。

建筑实景

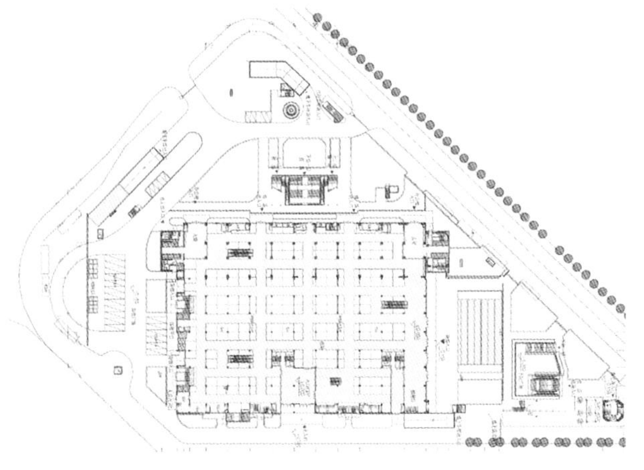

首层平面

六层平面

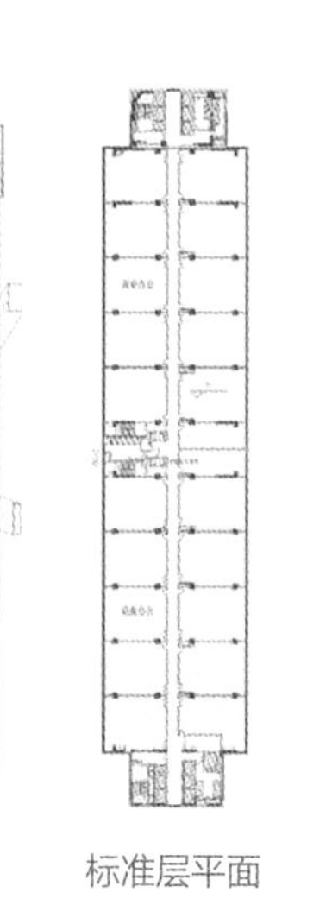

标准层平面

大跨度“门架”

立面设计运用大跨度的标志性门形构架隐喻“广州之门”，形成极具视觉冲击力的标志性形象。通过力度感十足的钢构架贯通整体，尺度恢宏，增强了建筑的体量感和造型的整体性，形成建筑本身独特的个性形象。

建筑实景

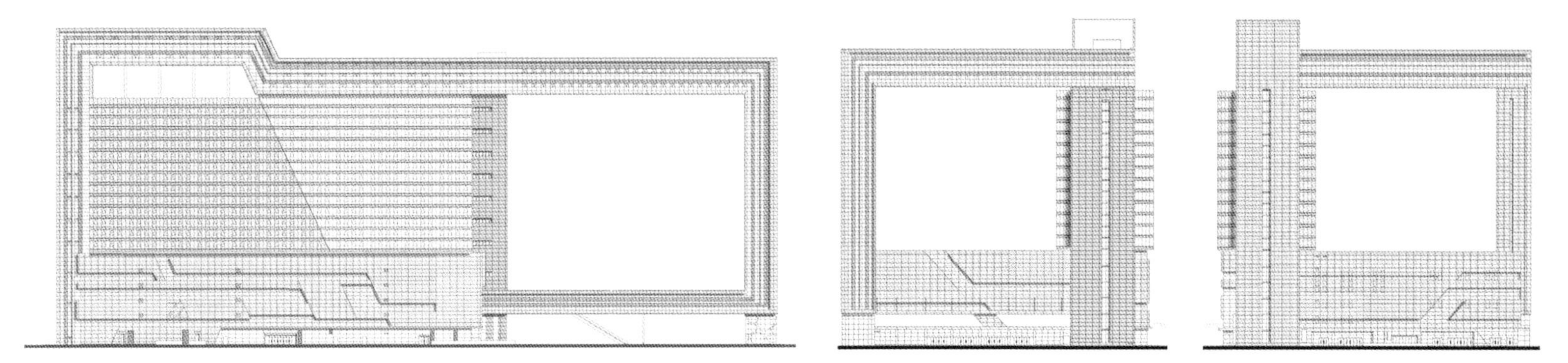

建筑立面

RESIDENTIAL ARCHITECTURE

住宅
建筑

珠江帝景 A 区住宅
广州亚运城运动员村
西湾路地块旧城改造项目
萝岗中心城区保障性住房项目
滨江明月苑

珠江帝景 A 区住宅

珠江帝景居住小区A区住宅为广州珠江侨都房地产有限公司兴建的住宅楼，位于珠江南岸，珠江帝景居住区南侧。该工程总建筑面积为317968平方米，地上6栋32层，地下2层，建筑高度为99.9米。

该项目毗邻珠江，西邻广州新电视塔，位于广州中轴线的一侧，地理和人文位置都很重要，是为相对富裕家庭设计的项目。

该建筑每层有6～8套住宅，最小套型面积为125平方米，与同区的珠江帝景酒店为一体，相对独立。平面为蝶式，每户均有良好的景观。立面造型为新古典主义风格，弧线、券式和穹顶为主要的造型元素，配以深褐色墙面、黑色金属造型栏杆和浅绿色落地玻璃，共同营造出舒适、豪华、典雅的形象。

建筑群整体效果统一，绿化环境优美，配套设施齐全，是广州城市住宅建设的一道亮丽风景。

整体鸟瞰

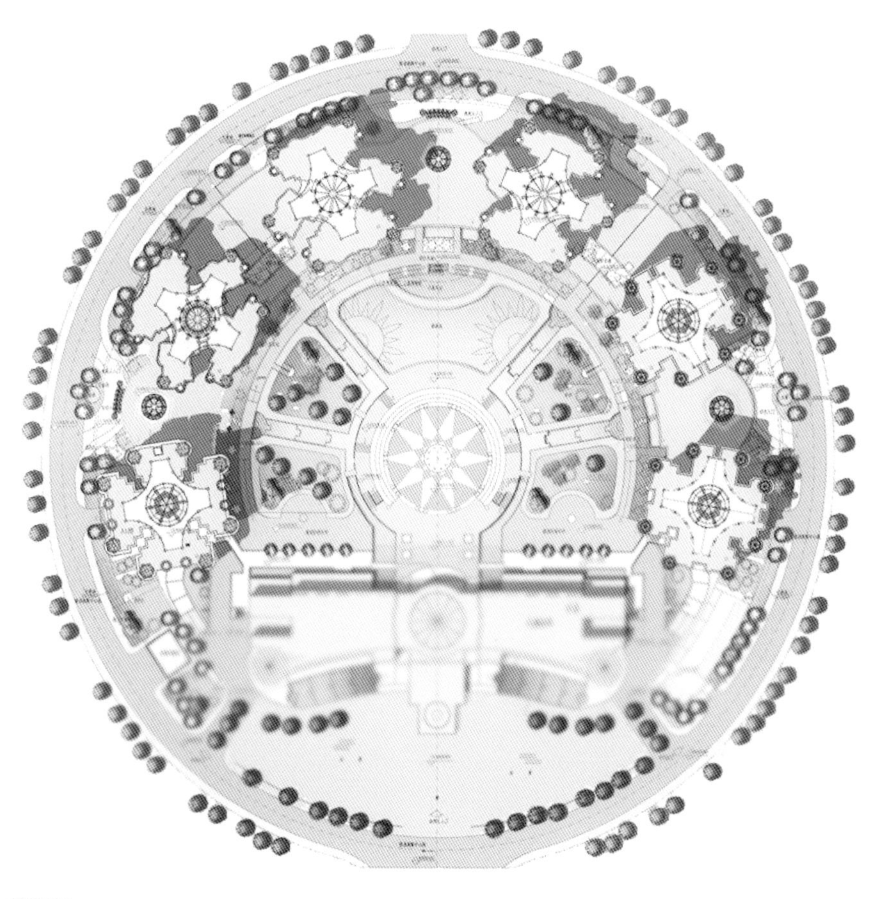

总平面

建筑实景

建筑实景

卧室实景

客厅实景

公共空间实景

住宅室内实景

大堂实景

走廊实景

鸟瞰实景

A1 栋标准层平面

A3 栋标准层平面

广州珠江帝景酒
REGAL RIVIERA HOTEL GUANG ZHOU

建筑实景

鸟瞰实景

广州亚运城运动员村

建筑实景

36
37

鸟瞰实景

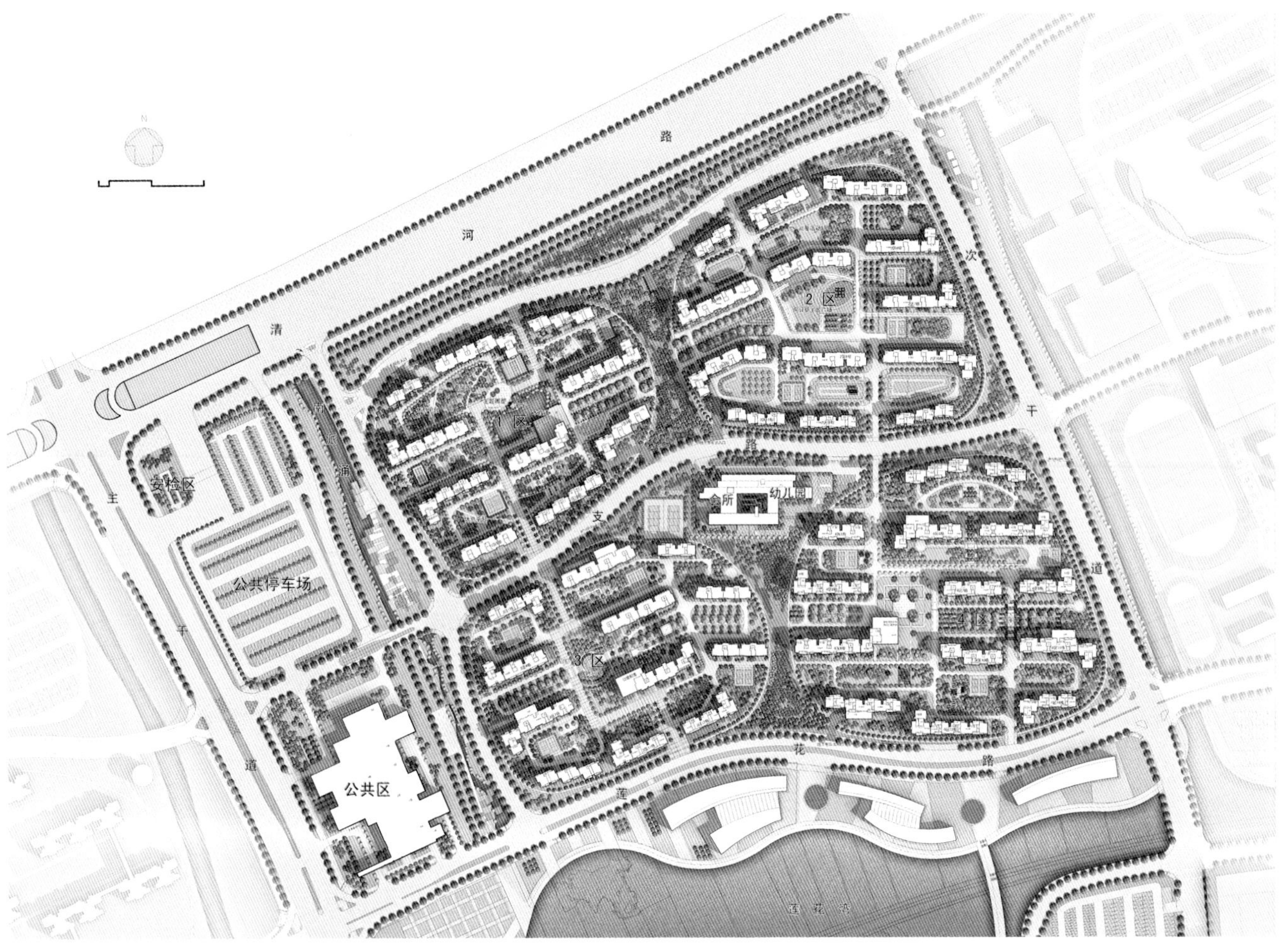

总平面

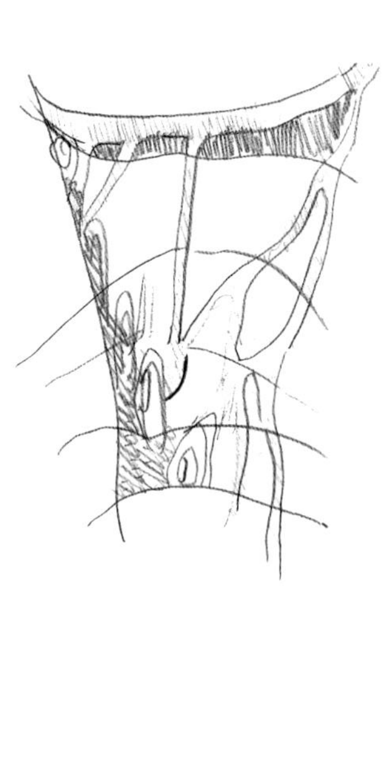

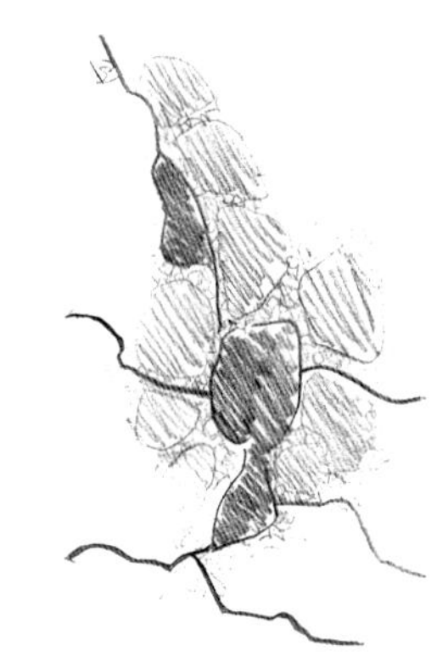

构思手稿

2008年，为做好亚运会的举办工作，广州市委、市政府提出了“以亚运促发展，以发展保亚运”的工作思路和要求，亚运会的建设工作不仅要满足亚运会赛事的各项要求，更重要的是借助亚运会契机，充分考虑广州的可持续发展，全面提升和加快城市定位和建设，展示广州的历史和迈向未来的雄心壮志。我院得到广州市委、市政府的高度信任，作为广州亚运会主要的规划和设计团队，从亚运会的申办阶段到建设阶段全过程参与，承担了部分与亚运会相关的规划和建筑工作，亚运城的运动员村就是其中一个项目。

亚运城规划在广州南部，番禺片区东部的莲花山风景区南麓，莲花山水道西岸，用地面积2.73平方公里。广州亚运城运动员村是广州市2010年举办亚运会期间各国运动员的生活居住区，是国家级重点工程项目，分为A、B、C、D 4个区，共49栋建筑，总用地面积约32.9公顷，总建筑面积58万平方米。

本项目在设计上有以下特点：

1. 赛时和赛后同时考虑。赛时作为运动员比赛期间居住的宿舍，必须按照亚奥理事会的要求进行设计；赛后作为商品房，必须符合消费者对住宅的使用需求。事实上，赛后的需求很大一部分是满足赛时要求，但对于残疾人运动员、体型尺寸较大的运动员及有宗教信仰的运动员而言，需要有针对性地调整设计方案。同时运动员居住期间的一些基本功能需求，如洗澡（热水）、洗衣等，也需要一并满足。赛时设施赛后利用，对于节约成本、减少浪费是非常有意义的工作，本项目亦是其中的成功案例。

2. 传统岭南建筑元素在高层住宅中运用的尝试。亚运会是向世界传递价值、文化的极佳机会，岭南传统建筑文化有着悠久的历史，继承和发扬岭南传统建筑文化是当代建筑师责无旁贷的责任和义务，也是在现代主义风格建筑泛滥的今天寻求突破和创新的办法和方向。首层架空便于区内的通风防潮，平面布局方正实用，每户均能南北对流，采光通风效果极佳。立面造型简洁明快，传统岭南建筑元素穿插运用，带着浓浓的亚热带韵味，是传统的，更是现代的。

3. 智能安防、集中供热、垃圾收集等先进技术在本项目中得到广泛应用，引领广州未来住宅建设的方向。

4. 传统建筑保护及生态修复、打造美丽人居环境的实践也在本项目中得到有效的贯彻落实。

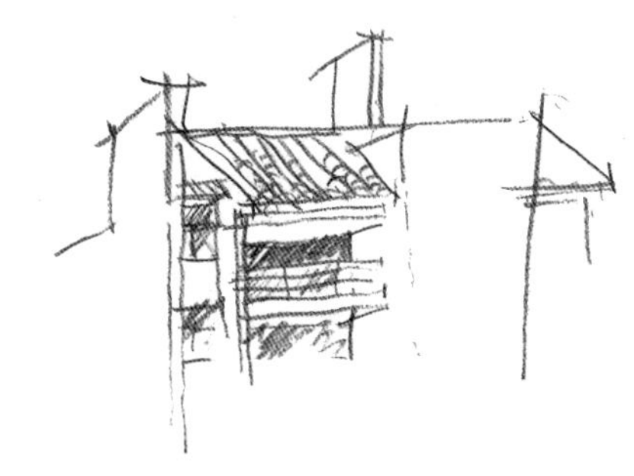

带有岭南元素的现代设计

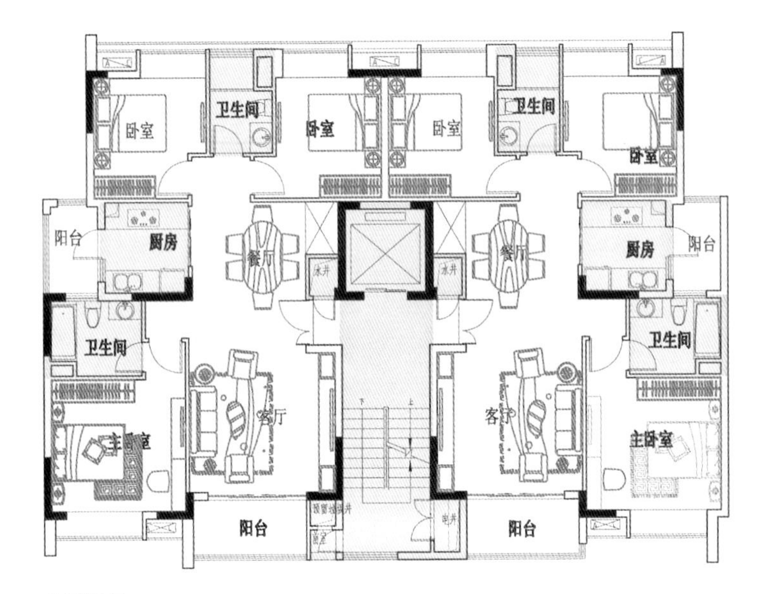
卧室
卫生间
卧室
卧室
卫生间
卧室
阳台
厨房
餐厅
餐厅
厨房
阳台
卫生间
卫生间
客厅
客厅
主卧室
主卧室
阳台
阳台

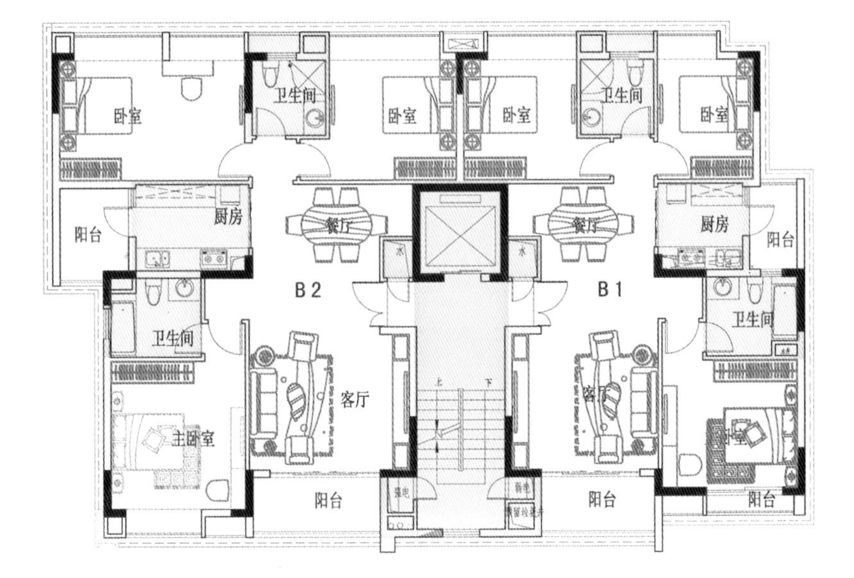
卧室
卫生间
卧室
卧室
卫生间
卧室
阳台
厨房
餐厅
餐厅
厨房
阳台
B2
B1
卫生间
卫生间
客厅
主卧室
阳台
阳台
阳台

户型平面

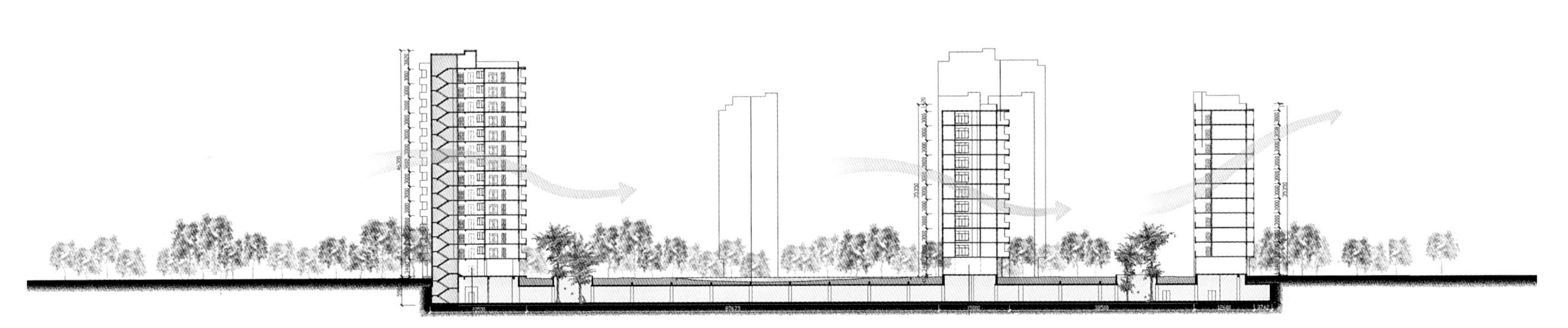

建筑剖面

建筑实景

建筑实景

建筑实景

岭南特色路灯特写

低点路石特写

罗汉十八道文化生活馆鸟瞰

文化生活馆屋顶特写

文化生活馆屋顶特写

文化生活馆窗户特写

文化生活馆连廊特写

文化生活馆连廊特写

文化生活馆窗户特写

文化生活馆庭院特写

文化生活馆内部特写

西湾路地块旧城改造项目

本项目功能主要为保障性住宅安置房，以及公建配套和住区服务中心，为广州市重点工程。建设用地被西湾路分为南北两区。北区主要为19栋高层住宅及地下室，配套幼儿园、商场等功能；南区为配套居民运动馆、小学、老人福利院、社区卫生服务中心及残疾人康复中心。

以居住及社区公共服务配套设施为主导的功能设置有：在社区中设置大面积的中心绿地，住宅沿围合的组群布置，构成多种邻里形态的空间，追求建筑环境的相对整体性及其与自然的有机结合。建筑造型明快大方，并通过对阳台、飘窗、空调机位等构件的有机组织，使建筑造型挺拔、简洁、雅致。

建筑鸟瞰

总平面

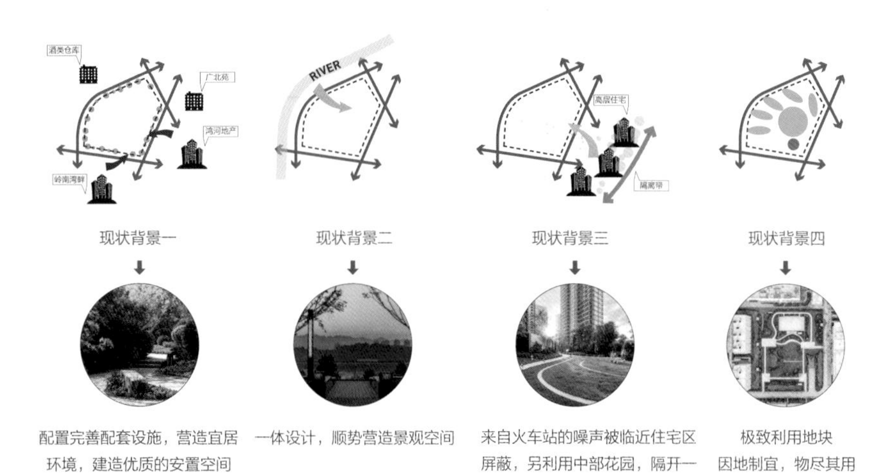

配置完善配套设施，营造宜居环境，建造优质的安置空间

一体设计，顺势营造景观空间

来自火车站的噪声被临近住宅区屏蔽，另利用中部花园，隔开一定距离，从而再度降噪

极致利用地块
因地制宜，物尽其用

规划分析

建筑鸟瞰

建筑实景

建筑实景

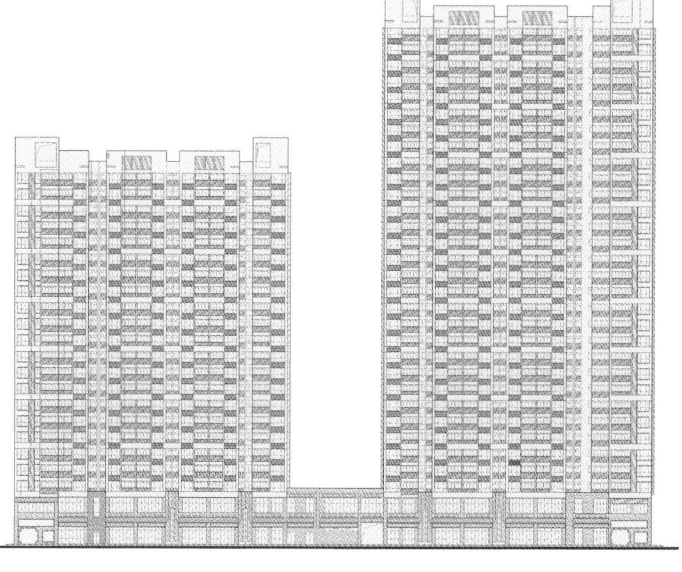

建筑立面

绿化实景

绿化实景

建筑鸟瞰

萝岗中心城区保障性住房项目

萝岗中心城区保障性住房项目位于萝岗中心区。项目总用地面积为70万平方米。总建筑面积约197万平方米，其中住宅面积约131万平方米，配套公建约13.4万平方米，非配套公建约4.15万平方米。居住人口约5.6万。

项目规划概念为“一心两翼”。“一心”，即以公建配套建筑为核心，在中心位置布置体育公园、社区服务中心、残疾人服务中心、结合公交首末站、肉菜市场等公建配套设施的商业综合体；公建核心以绿化中轴为纽带，延伸至水西环路一侧，布置社区中心、结合公交首末站、肉菜市场等公建配套设施的商业综合体、消防站等。住宅分四组团、教育配套设施布置在核心轴两翼。

整体鸟瞰效果图

建筑效果图

建筑效果图

建筑效果图

建筑效果图

建筑效果图

滨江明月苑

本项目南临滨江路，北邻珠江，定位为江景一线豪宅。地面25层，其中裙房3层，地下3层。总建筑面积为4.5万平方米。

充分利用地块所处江边的地理优势，平面布局分两栋塔楼展开，每栋塔楼内每层4户，设计通过巧妙的变形扭转，使大户型正向朝江，小户型也能观赏江景。户型平面精心布局，方正实用，采光通风效果极佳。立面以浅白色调为主，面部配以棕色，整体色调明快、温馨。再配以凸窗点缀及横向金属玻璃栏杆，凸显轻巧飘逸的效果。顶部做局部退台处理，布置复式户型，处理手法与裙房基座相统一。

建筑基地内设置了一条环形消防车道，周围配置喷泉水池和古树佳木，环境优雅。裙房中部架空，使前后花园空间贯通，连成整体，场地绿化环境得以向南、北方向无限延展，豁然开朗。

项目整体感强，庄重典雅，浑然天成。

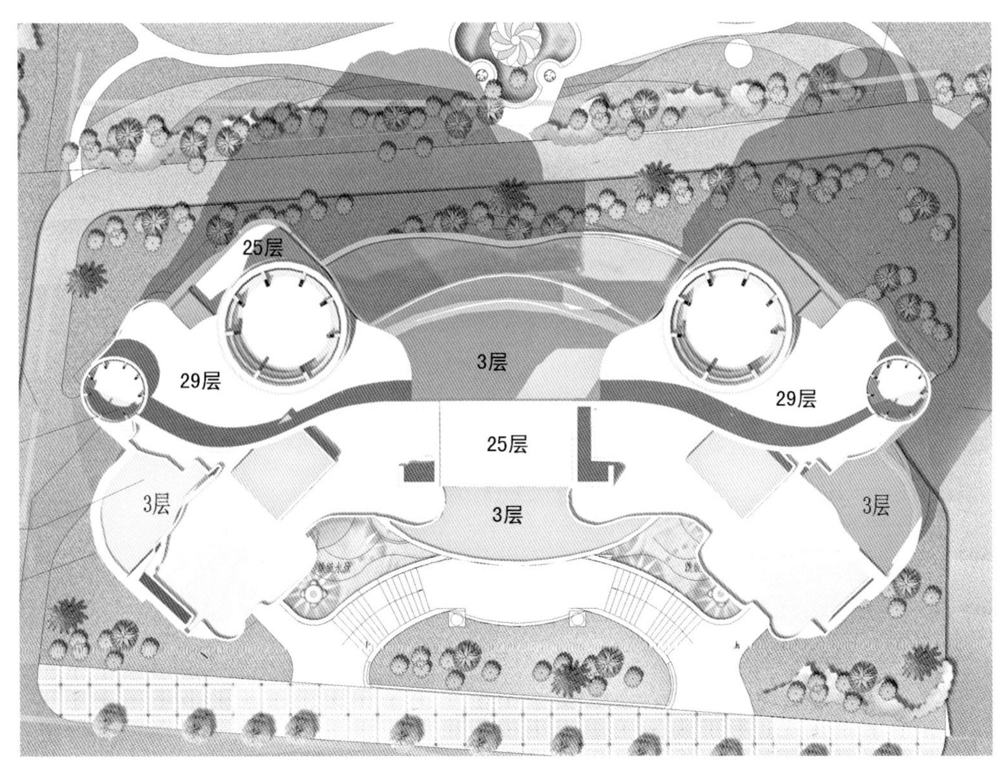

总平面

建筑效果图

建筑效果图

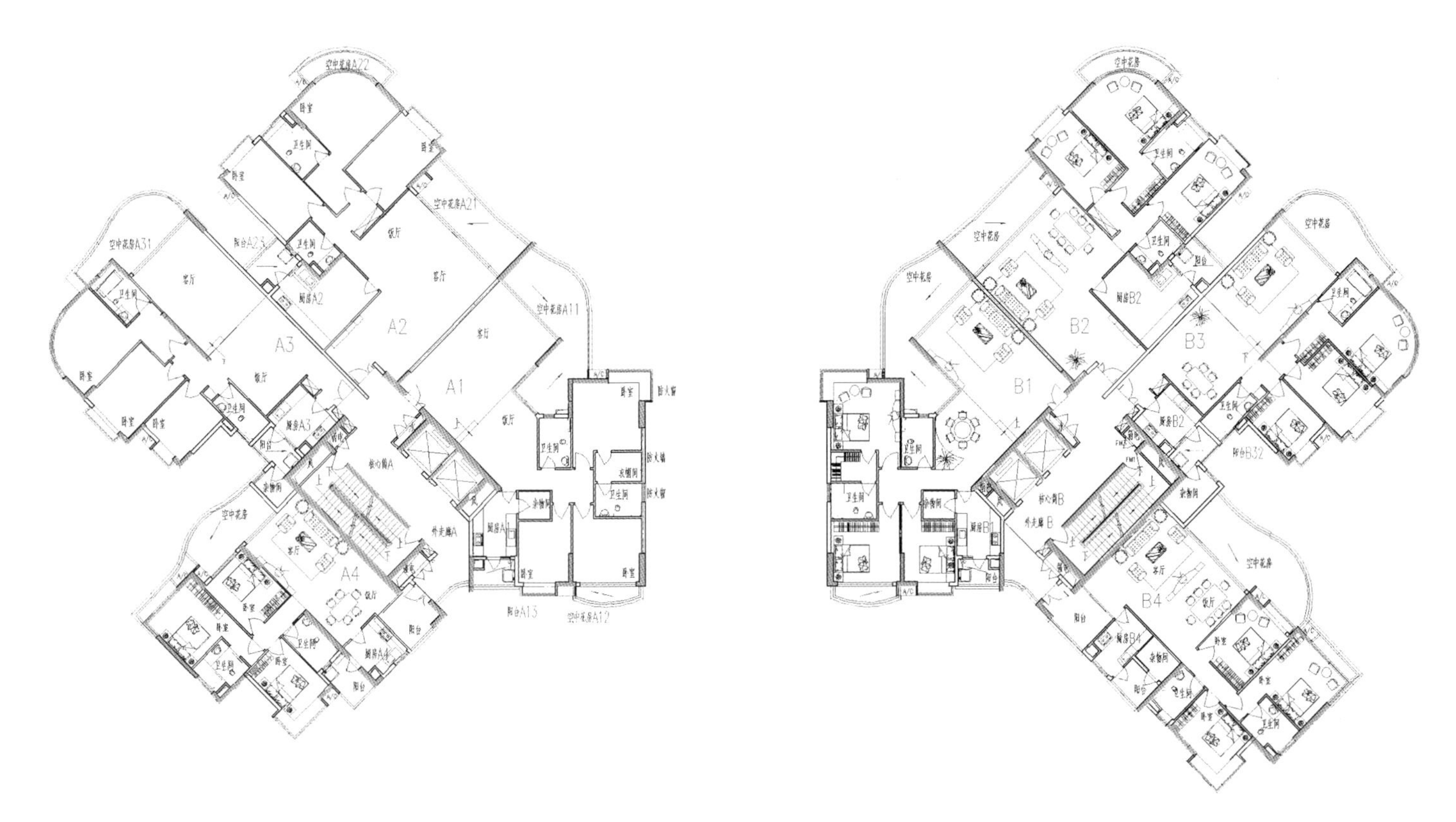

二十二至二十五层平面

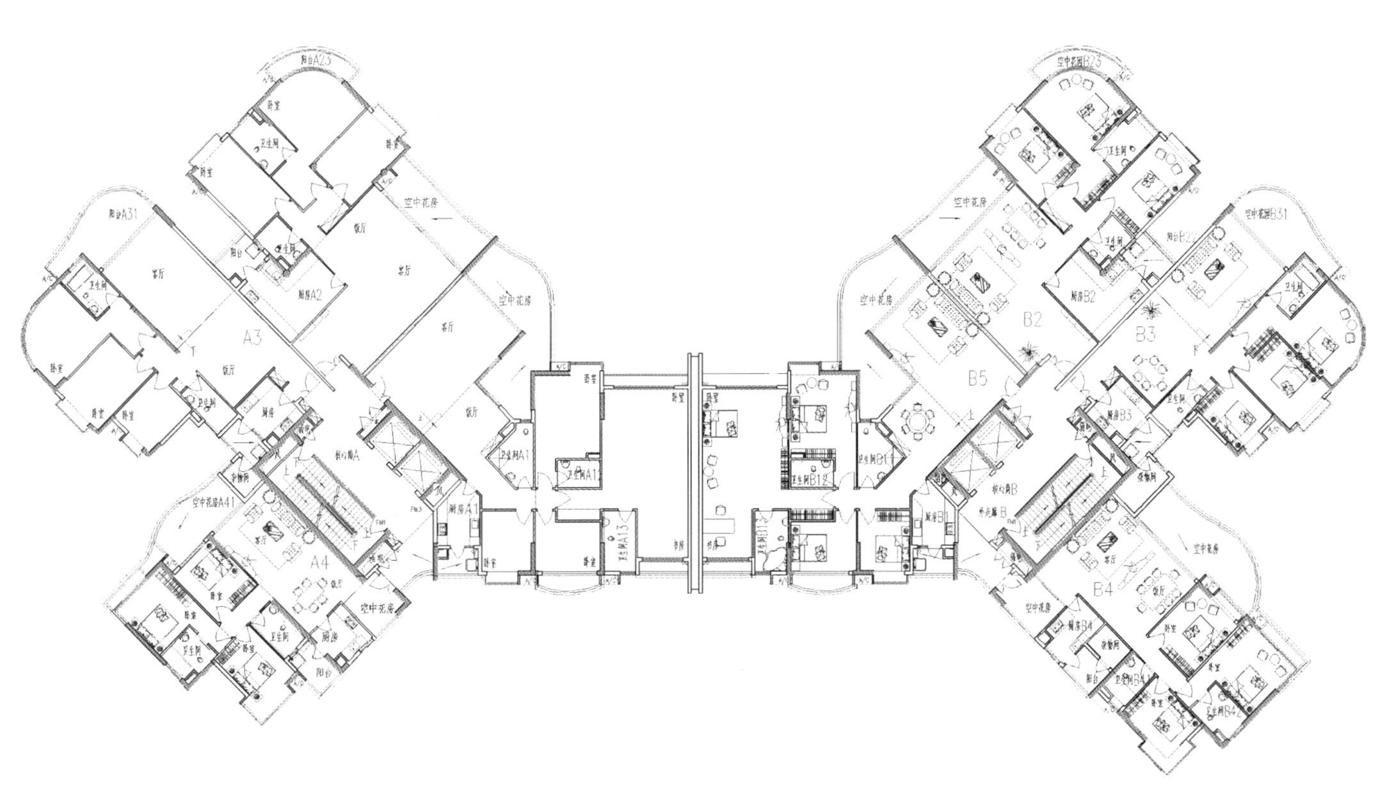

六至二十一层平面

建筑专业历年完成项目（部分）

年份	项目名称	备注
1990—1995	广东省地矿局科研陈列、办公大楼	办公建筑，高层
	芳村区供销社、南方大厦、劳动服务公司住宅综合楼	住宅建筑，多层
	广州市政协办公综合楼	办公建筑，多层
	西坑乡人民政府住宅综合楼	住宅建筑，多层
	广东省化工进出口公司办公值班宿舍楼	办公建筑，多层
	广州市政瑶头拌厂综合楼	办公建筑，多层
	黄埔边检站综合楼	办公建筑，多层
	广东省发展银行广发大厦	办公建筑，超高层
	广东省航务中心大楼	办公建筑，高层
	石牌车库综合楼	办公建筑，多层
	广东电信广场	办公建筑，超高层
	黄埔荔园小区	住宅建筑，多层
	广州公路局沙河工区住宅	住宅建筑，多层
	广州白云路 62 号商住楼	住宅 · 商业综合楼，高层
	华城回迁楼	住宅建筑，多栋、多层
	广州西朗污水处理厂	厂房建筑，多层
1996—2000	边检单元式住宅楼	住宅建筑，多层
	广州人民中电信机楼	办公建筑，高层、机房
	军供大厦	办公建筑，多层
	冲口市场综合楼	商业综合楼，多层
	东峻荔景苑	住宅建筑，多栋、高层
	御金庄	住宅建筑，多栋、多层
	侨燕阁商住楼	住宅建筑，多栋、多层
	广州黄埔海关办公大楼、住宅配套设施小区	办公 · 住宅建筑，多层
	鸿燕居小区	住宅建筑，多栋、多层
	倚绿山庄 A、B 组团	住宅建筑，多栋、多层
	同德北教师住宅小区	住宅建筑，多栋、多层
	广州市卫生学校	学校建筑，多栋、多层
	希尔顿逸林酒店	酒店建筑，超高层
2001—2005	恒发广场	住宅 · 商业建筑，高层
	广州芳草园 E1、E2 主座商住楼	住宅建筑，多栋、高层
	津龙庭	住宅建筑，多栋、高层
	广州市妇女儿童医疗保健中心	医院建筑，高层
	华锐大厦	住宅建筑，高层
	中洲中心二期	办公建筑，高层
	广州大学计算机实验楼	教学楼，多层
	广州市第十六中学教学楼	学校建筑，多层
	珠江新城 E 区中学	学校建筑，多层
	满族小学	学校建筑，多层
	广东体育职业技术学院黄村校区	学校建筑，多层
	北园接待厅扩建工程	改建工程，底层
	丰业大厦	住宅建筑，高程
	万晟商都	酒店建筑，高层
	广州珠江帝景酒店	酒店建筑，多层

续表

年份	项目名称	备注
2001—2005	珠江别墅	住宅建筑，底层
	世基豪园	住宅建筑，多栋、高层
	滨江明珠苑	住宅建筑，多栋、高层
	工业大道中路居住小区	住宅建筑，多栋、多层
	南宁大自然花园	
	珠江帝景居住小区	住宅建筑，多栋、高层
	宝城坪洲新村（一期）	住宅建筑，多栋、高层
	历德雅舍三期工程	住宅建筑，多栋、高层
	东荣花园（A区）	住宅建筑，多栋、高层
	大干围仓库值班宿舍工程	住宅建筑，多层
	创嘉（清远）实业有限公司一期厂房、员工宿舍	厂房·宿舍建筑，多层
	珠村石油设备加工厂	厂房建筑
	“东莞美丽365”项目绿化园建配套工程	景观配套建筑，底层
2006—2010	羊城大厦	办公建筑，高层
	广州沙河先烈东商业住宅楼	住宅建筑，高层
	正太广场	住宅·商业建筑，高层
	中央海航酒店	酒店建筑，高层
	琶洲安置型新社区工程	住宅建筑，多栋、高层
	广州亚运城运动员村工程	住宅建筑，多栋、多层
	广州雅居乐北区一期建设工程	住宅建筑，多栋、高层
	龙归城地块保障性住房项目	保障性住房，多栋、高层
	倚绿山庄E组团	住宅建筑，多栋、多层
	广州市萝岗中心医院	医院建筑，高层、多层
	汶川县人民医院	医院建筑，多层
	汶川县羌族骨伤科医院	医院建筑，多层
	食益补（广州）有限公司厂房	厂房建筑，多层
	高唐新建区配套工程交流中心	办公·展览建筑，多层
	广州花园酒店装修改造工程	装修改造工程
	第十六届亚运会主倒计时牌项目	文化建筑
	广州市东风路沿线建筑物外立面整饰工程	整饰工程
	北京路景观及建筑外观整饰工程	整饰工程
	珠江新城海心沙地下空间及公园工程——第十六届亚运会开闭幕式场馆	观演建筑，多层
	荔枝湾及周边社区环境综合整治	整饰工程
	广州芭蕾舞团小剧场	剧场建筑，多层
	西湾路地块旧城改造项目	住宅建筑，多栋、多层
2011—2015	珠江三角洲中小尺度气象灾害监测预警中心	办公建筑，多层
	广州市中级人民法院审判大楼项目	办公建筑，多层
	萝岗中心城区保障性住房项目	住宅建筑、学校幼儿园，多栋、高层、多层、底层
	南沙岭南花园度假酒店工程	酒店建筑，多层
2016年至今	台山市档案馆及华侨文化博物馆	档案馆、博物馆，多层
	杰赛科技产业园建设项目（一期）	科技产业园，多栋、高层、多层
	广州南沙开发区榄核镇安置区项目工程	安置房建筑，多栋、高层
	广州中央海航酒店	酒店建筑，高层
	广钢集团广州刀剪厂旧厂房改造工程	旧建筑活化、养老建筑，多栋、多层

跋
AFTERWORD

本书得以顺利出版，首先要感谢林兆璋先生，是林先生在年初不断地敦促我，“抽出一点时间，把过去做过的一些项目进行总结归纳，出一本书，以终为始，继续前行”。他总是拿当年《莫伯治作品集》一书作为例子，他认为这本书对传承岭南建筑文化、扩大岭南建筑在全国的影响力，起到了非常重要的作用。同时，莫伯治先生也因为这本作品集而成为全国知名设计师。

林先生是一个设计能力强和有情怀的建筑师，现存的许多优秀岭南建筑如北园酒家、广州宾馆、白云宾馆、山庄旅社等项目，都是林先生和当年的一批优秀的岭南建筑设计师们共同完成的。到了耄耋之年，他仍然笔耕不辍，编辑出版《岭南近现代优秀建筑 1911—1949/广州》《岭南近现代优秀建筑 1949—1990卷》《历史文化保护名录工程勘察设计项目实录》。

我和林先生还有一份师生的缘分。记得当年硕士毕业参加工作时，曾短暂给先生做助手，为在清华大学讲课的讲稿画钢笔插图。这段经历后来经常被林先生提及，把我作为他的学生，工作中不断地给予我指导和帮助。

大学七年的学习打下了专业基础。1983~1987年，我在华南理工大学（时为华南工学院）建筑学系读本科。当时国家恢复高考刚几年，大学教育正逐渐走上正轨，国家百废待兴，建筑学专业在当时算是一个热门专业，考分高的学生基本都报名学建筑。有没有艺术细胞，适不适合做建筑设计，在当时可没有太多学生懂得考虑。上课的课本是有的，但是现在回头来看，当时的课本是多么的粗糙，图片大多是黑白的，让人很难从课本上直观地感受建筑的美。对中国传统建筑是这样，对西方历史建筑同样也是这样。一年级就开始做茶室的设计，项目设计课程贯穿了4年的本科学习，印象中做过住宅、学校、宾馆、剧院等项目类型设计。后来才知道，这是我们南方学校的一个教学特点，培养出来的学生动手能力很强，毕业后马上可以投身工作之中。但是在理论方面的系统学习和思考，相较于清华大学、天津大学等北方的学校而言，就显得比较薄弱了。

我便是那些啥都不清楚的懵懂学生之一（这在当时应该是一个普遍现象）。从最初不懂如何画素描，便开始了4年的学习过程。凭着努力和刻苦，各科成绩很快也就跟上了，记得美术成绩在第一个学期后就成了优秀，本科毕业时是年级5个优秀毕业生中的一个。接着便读了硕士研究生。当时研究生老师有两种，系里面的老师和华南工学院设计院的老师，设计院的老师本来就不多，招的研究生名额也比较少。记得当年设计院的老师有佘畯南、莫伯治、林克明、陈府祥等，他们都是当时岭南建筑界，甚至在全国都赫赫有名的泰斗级设计师。我是当年报考佘畯南、莫伯治两位先生研究生中唯一被录取的（当年共有15人报考），因此算得上是他们两人名正言顺的学生。后来由于两位先生年龄大、身体欠佳，我跟随他们学习的时间很短，只能从他们的作品和论文书籍中学，不免成了很大的遗憾。

后来研究生学习的大部分时间是跟随陈开庆教授。陈教授当年是设计院的院长，是一个非常有远见、有情怀、有格局的人，同时又是一个很接地气、真抓实干的人。他不拘一格，招贤纳士，为华南理工设计院奠定了坚实的人才基础。他最早提出了多专业融合的设计理念，把结构、美术与建筑结合在一起。他最早提出计算机辅助设计，并开展建筑景观美学的研究。他最早提出了对口帮扶的理念，心系西藏的建筑教育和城市建设，在华南理工大学设立西藏班，为西藏培养了大批的建筑人才。他重视基础教育，要求在读研期间也要把本科的基础打好，因此我的研究生课程与别的同学有很大不同，增加了到广州美术学院进行一个学期的交流学习；还增加了系统工程（这在当时是非常前卫的学科）及结构、电气、给水排水、空调、预概算等专业课程，授课老师均为有丰富的理论知识和实践经验的总工程师。记得陈教授曾说他的工作很忙，不一定有很多时间可以直接为我授课，但可以创造条件，聘请优秀的老师……希望我把握好机会，好好学习。他确实为我创造了许多很好的条件，让我在读研期间掌握了今后工作所必须的技能，而且许多知识是具有前瞻性的，这些知识为我日后工作打下了很好的基础。老师的一言一行也自然成了很好的榜样。硕士毕业后，我在广州市城市规划勘测设计研究院工作，一直从事建筑设计及管理，至今从业30年，成长过程大致可以分为四个阶段。

第一阶段（1990 ~ 1998 年）：技术和能力迅速提升阶段

国家处于改革开放初期，百废待兴，设计任务越来越多，而设计队伍的数量相对较少。我刚刚从学校毕业，充满着激情和好奇。单位里大学本科毕业的设计人员本来就不多，拥有硕士学位的就少之又少。我所在的单位中，从事建筑设计的硕士研究生算上我也就两个。因此在这样的环境中，我得到了很多锻炼机会，负责完成了大量项目，包括办公、学校、宾馆、住宅、商业综合楼宇等。广东发展银行大厦、广东电信广场大厦是这个时期的作品。

第二阶段（1998 ~ 2008 年）：磨砺奋进阶段

上一阶段的快速发展让团队人员规模不断壮大，同时也积累了相当丰富的项目业绩。但是欠缺对未来发展方向的深度思考和准备，梯队建设严重滞后，科研创新几乎空白，团队的核心价值没有形成。同时随着外部市场环境越来越严峻，政府行政越来越规范，我们之前拥有的优势在慢慢减弱，竞争力不足的劣势呈现了出来。当时我们思考过从现有体制中分离出去，成立广州岭南建筑设计院；同时也尝试过改变部门运作机制，把综合所改为专业所，专业所再分出方案创作组等方式，但收效甚微，无疾而终。最后我们决定，依托国家的发展战略，以文化建筑、教育建筑、体育建筑、医疗及养老建筑为重点研究和拓展业务的方向，建立自己的品牌，走出一条具有规划院特色的建筑设计新路子。这个时期的代表作品有广州市妇女儿童中心医院、汶川县人民医院和珠江新城E区中学。

第三阶段（2009 ~ 2014 年）：迸发阶段

这个阶段主要做了两个项目，第十六届亚运会开、闭幕式场馆——海心沙和广州市规划展览中心布展工程。

第十六届亚运会开、闭幕式场馆项目选址在广州新中轴线（珠江新城中轴线）与珠江的交汇点上的海心沙岛，并因此命名为海心沙项目。海心沙岛南北短东西长，四面环水。要在这样一个场地里设计建造亚运会的开、闭幕式场馆，并且组织好人流疏散，着实不易，相较于其他的运动场馆，难度更大。为了配合开、闭幕式演出需要而设计建造的LED风帆、水舞台及大型喷泉，极具科技含量和创新点。鸟巢的结构总设计师，也是本项目的设计顾问任庆英，在建设过程中来到这个项目的建造现场时情不自禁地说，海心沙项目的技术难度并不比鸟巢低，甚至在某些方面还超越鸟巢。海心沙关键技术研究后来被评为广州市科技进步一等奖。

海心沙项目建设的另一个难点是时间短，从确定选址到项目建成投入使用一共只有约500天，这对于一个大型的国家重点建设项目而言，实在是大大超出常规。作为这个项目设计的总负责人，我和我的团队经受着以往项目中从来没有遇到过的考验，几乎每天从早到晚都在会议室里开会讨论，或者是在工地与施工方研究解决问题，节假日也不例外。任务重，时间短，不能蛮干，只能巧干，过程中不能出任何差错，否则任务是不可能完成的。这就需要我和我的团队与参建各方充分沟通，反复论证，确保每一个环节、每一项工作都能满足需求。正是由于海心沙项目技术难度大、关注度高、时间紧等因素，使之成为考验每个参建单位综合实力很有代表意义的项目，也是我从业生涯中遇到的最为重要、最具难度的项目。

广州市规划展览中心布展工程项目是市重点工程，我作为筹建办主任（业主方）参与这个项目的建设。虽然说是业主方，在这个项目上，我们与其他项目的业主方有很大区别。为了确保有效管控项目质量，把这个项目打造成为广州城市精细化、品质化建设的一个标杆工程，我们主动承担了许多设计方的工作，比如前期调研、方案设计和论证；场地涵义（性格特征）定义及控制；构造节点管控等。事实证明，建成投入使用后，使用各方的反应都非常好，观众络绎不绝，已经成为国内同类展馆中的佼佼者，年轻人喜欢的网红打卡地。

在这个项目中最有意义的是首次运用“涵义”的概念来控制场所的效果。所谓“涵义”，就是在设计之初，根据项目的各个要素综合分析，从而提出场所应该具有的本质性格特征，并以此“涵义”控制设计的全过程，及检验设计成果的合理性。这两个项目特点很突出，前一个是综合难度高有代表性，后一个是效果要求高有代表性。

第四阶段（2015年至今）：自我超越阶段

这个阶段对我而言非常神奇，有一种顿悟的感觉。突然间发现，过去许多时候自己的工作都处在虚无和迷茫中，感觉刚刚才从完全不懂的状态下被唤醒，就是这么一种感觉，一点都不夸张，有些时候说出来别人还不相信。在这个阶段，作为一名建筑师的社会责任感越来越强，不断思考建筑与城市的关系，积极探索建筑设计的方法，已初步形成了“全要素分析下的目标导向”的设计方法，尤其重视地域特色和建筑场所“涵义”的营造，将岭南建筑风格研究推向深入，注重成果的实用性，并在实际案例中加以应用。推动智慧城市建设，努力打造从BIM到CIM的平台。

本书编录的案例是本人主持或参与项目中较有代表性的，未被编录的项目在书末列表说明。感谢广州市城市规划勘测设计研究院，是它给了我宽阔的平台施展。同时也感谢所有与我一起共同完成项目的同事，每个项目都有你们辛勤的努力和无私的付出。

最后感谢这本书的编写团队：罗飞、周展恒、韦昭、潘宇飞、张亮亮、陈丽榕、陈立铭。

图书在版编目（CIP）数据

喃语集 = NANYU WORKS / 范跃虹著. —北京：中国建筑工业出版社，2020.12
（广州市城市规划勘测设计研究院建筑设计作品丛书）
ISBN 978-7-112-24912-1

Ⅰ. ①喃… Ⅱ. ①范… Ⅲ. ①建筑设计–作品集–中国–现代 Ⅳ. ①TU206

中国版本图书馆CIP数据核字（2020）第035521号

责任编辑：孙书妍
责任校对：李欣慰

广州市城市规划勘测设计研究院建筑设计作品丛书
喃语集
NANYU WORKS
范跃虹　著
*
中国建筑工业出版社出版、发行（北京海淀三里河路9号）
各地新华书店、建筑书店经销
北京锋尚制版有限公司制版
北京富诚彩色印刷有限公司印刷
*
开本：889毫米×1194毫米　1/12　印张：28⅓　字数：551千字
2021年1月第一版　　2021年1月第一次印刷
定价：348.00元
ISBN 978-7-112-24912-1
（35652）
版权所有　翻印必究
如有印装质量问题，可寄本社图书出版中心退换
（邮政编码　100037）